高职高专艺术设计专业系列教材

HUANJING SHEJI SHOUHUI
XIAOGUOTU SHIYONG JIAOCHENG

环境设计手绘效果图实用教程

主　编　李大俊
副主编　汪　坤　张　莹
参　编　陈　静　高伟伟　卢　曦　白易梅　石　杨

重庆大学出版社

图书在版编目（CIP）数据

环境设计手绘效果图实用教程/李大俊主编.—重庆：重庆大学出版社，2016.3（2019.1重印）
高职高专艺术设计专业系列教材
ISBN 978-7-5624-9655-7
Ⅰ.①环… Ⅱ.①李… Ⅲ.①环境设计—绘画技法—高等职业教育—教材 Ⅳ.①TU-856

中国版本图书馆CIP数据核字（2016）第010996号

高职高专艺术设计专业系列教材

环境设计手绘效果图实用教程
HUANJING SHEJI SHOUHUI XIAOGUOTU SHIYONG JIAOCHENG

主　编：李大俊
副主编：汪　坤　张　莹
策划编辑：张菱芷　席远航　蹇　佳
责任编辑：李仕辉　　版式设计：品　木
责任校对：邹　忌　　责任印制：张　策

重庆大学出版社出版发行
出版人：易树平
社址：重庆市沙坪坝区大学城西路21号
邮编：401331
电话：（023）88617190　88617185（中小学）
传真：（023）88617186　88617166
网址：http：//www.cqup.com.cn
邮箱：fxk@cqup.com.cn（营销中心）
全国新华书店经销
重庆共创印务有限公司印刷

开本：787 mm×1092 mm　1/16　印张：8　字数：124千
2016年3月第1版　　2019年1月第3次印刷
ISBN　978-7-5624-9655-7　定价：49.00元

本书如有印刷、装订等质量问题，本社负责调换

序

我国人口13亿之巨，如何提高人口素质，把巨大的人口压力转变成人力资源的优势，是建设资源节约型、环境友好型社会，实现经济发展方式转变的关键。高职教育承担着为各行各业培养输送与行业岗位相适应的高技能人才的重任。大力发展职业教育有利于改善经济结构，有利于经济增长方式的转变，是实施“科教兴国，人才强国”战略的有效手段，是推进新型工业化进程的客观需要，是我国在经济全球化条件下日益激烈的综合国力竞争中得以制胜的必要保障。

高等职业教育艺术设计教育的教学模式满足了工业化时代的人才需求；专业的设置、衍生及细分是应对信息时代的改革措施。然而，在中国经济飞速发展的过程中，中国的艺术设计教育却一直在被动地跟进。未来的学习，将更加个性化、自主化，因为吸收知识的渠道遍布在每个角落；未来的学校，将更加注重引导和服务，因为学生真正需要的是目标的树立与素质的提升。在探索过程中，如何提出一套具有前瞻性、系统性、创新性、具体性的课程改革方法将成为值得研究的话题。

进入21世纪的第二个十年，基于云技术和物联网的大数据时代已经深刻而鲜活地展现在我们面前。当前的艺术设计教育体系将被重新建构，同时也被赋予新的生机。本套教材集合了一大批具有丰富市场实践经验的高校艺术设计教师作为编写团队。在充分研究设计发展历史和设计教育、设计产业、市场趋势的基础上，不断梳理、研讨，明确了当下高职教育和艺术设计教育的本质与使命。

曾几何时，我们在千头万绪的高职教育实践活动中寻觅，在浩如烟海的教育文献中求索，矢志找到破解高职毕业设计教学难题的钥匙。功夫不负有心人，我们的视界最终聚合在三个问题上：一是高职教育的现代化。高职教育从自身的特点出发，需要在教育观念、教育体制、教育内容、教育方法、教育评价等方面不断进行改革和创新，才能与中国社会现代化同步发展；二是创意产业的发展和高职艺术教育的创新。创意产业作为文化、科技和经济深度融合的产物，凭借其独特的产业价值取向、广泛的覆盖领域和快速的成长方式，被公认为21世纪全球最有前途的产业之一。从创意产业发展的视野，谋划高职艺术设计和传媒类专业教育改革和发展，才能实现跨越式的发展；三是对高等职业教育本质的审思，即从“高等”“职业”“教育”三个关键词，高等职业教育必须为学生的职业岗位能力和终身发展奠基，必须促进学生职业能力的养成。

在这个以科技进步、人才为支撑的竞争激烈的新时代，实现孜孜以求的综合国力强盛不衰、中华民族的伟大复兴，科教兴国，人才强国，赋予了职业教育任重而道远的神圣使命。艺术设计类专业在用镜头和画面、用线条和色彩、用刻刀与笔触、用创意和灵感，点燃了创作的火花，在创新与传承中诠释着职业教育的魅力。

重庆工商职业学院传媒艺术学院副院长
教育部职业院校艺术设计类专业教学指导委员会委员
徐　江

前言

党的十八大以来，高等职业教育迎来了大力发展的春天，特别是国家示范性院校、省级示范院校建设项目的实施，品牌专业、特色专业的建设项目的推动，都促使高职高专设计技术类专业在办学理念创新、人才培养模式创新、师资队伍建设、教材建设、实习实训基地建设和社会服务能力提升等多方面进行着更深入的研究与实践。高等职业教育围绕“培养什么人和怎么培养人”的根本问题展开广泛而又深入的思考。

本教材作为湖北省特色专业——室内设计技术专业的教材，充分对接了行业发展，满足了企业岗位需要，结合了十多所兄弟院校多年来的探索与实践经验，更考虑了高职高专学生的实际学习能力，体现本专业学生在企业的实际工作岗位及职业能力的需求，培养具有可持续发展基础的创新型高技能人才。

情境教学，项目引领，案例分析，任务驱动。一般教材把知识点分布在各个章节，重理论、轻实践，针对性不强，高职学生学起来兴趣差、信心不足，而本教材是湖北生态工程职业技术学院艺术设计学院专业骨干教师李大俊同志通过在企业长期挂职，对企业实地调研，对同类院校师生进行深入调查的基础上与企业技术骨干一起协商编写而成的。本教材以工作流程或工程项目为引导，力图营造工作中的情景氛围，把理论知识通俗化，技能知识实用化，实习实训任务化，思维引导创新化。

本书已纳入湖北省职业技术教育学会科学研究课题，并被列为重点课题，项目编号为ZJGA201511。

宋丹文

湖北生态工程职业技术学院党委书记　二级教授　博士

目录

1 基础知识篇

1.1 手绘效果图的认知 2

1.2 学习手绘效果图的基本方法 7

2 技法技巧篇

2.1 环境设计手绘效果图表现技法 14

2.2 环境设计手绘效果图透视表现技法 45

2.3 环境设计手绘效果图上色表现技法 65

3 案例实训篇

3.1 新中式风格效果图 98

3.2 上海某小区样板间效果图 100

3.3 客厅手绘设计 103

3.4 主卧手绘设计 108

3.5 大型会议接待大厅手绘设计 114

3.6 商场公共空间手绘设计 118

学习内容：

手绘效果图的认知，学习手绘效果图的意义及手绘效果图的特性、种类，学习手绘效果图的方法。

学习方法：

收集设计资料、手绘资料，通过自评、同学互评、老师点评来提高对手绘效果图的认知。

技能目标：

端正手绘效果图的学习态度，了解手绘效果图的科学定义，掌握学习手绘效果图的正确方法。

技能评价：

能够选择性地收集资料并整理归类，制作成多媒体课件进行演示和陈述，能大胆地表述自己对手绘或设计的认识，有个人的观点语，言组织和表达能力强。

1.1 手绘效果图的认知

手绘效果图是指通过手工的画图方式，以图像（图形）来表现设计思想和设计概念的视觉传递技术，同时也是一种艺术表达形式。相对于计算机效果图而言，手绘效果图更具艺术感染力，不仅能形象直观地表现空间关系，还能营造气氛，观赏性强，在设计投标、设计定案中起很重要的作用。手绘效果图有绘制相对容易、速度相对较快等优点，是设计师的基本技能。

1.1.1 手绘效果图的分类

手绘效果图从所使用的工具不同来分类，可以分为彩铅、水彩、水粉、马克笔、透明水色等。

手绘效果图从所表现的对象不同来分类，可以分为服装、产品、环艺、动漫等。

手绘效果图从不同阶段和刻画深入程度来分类，可以分为草图、平面图、立面图、透视图、快题、线描稿、着色图等。

各种类型的手绘效果图（图1-1至图1-3）。

图1-1

图1-2

图1-3

1.1.2 手绘效果图的特点

（1）真实性

真实性就是手绘效果图的表现必须符合设计环境的客观真实。如建筑、环境与物体的空间体量比例、尺度，以及在立体造型、材料质感、灯光色彩、物件、绿化和人物点缀等诸多方面都必须符合设计师所设计的要求和效果气氛。真实性的本质是正确，它是效果图存在的生命线。效果图与其他图纸相比更具有说明性，而这种说明性就寓于真实性之中。所以，效果图的绘制绝不能脱离实际的尺寸而随心所欲地改变空间限定，或者完全背离客观的设计内容而主观片面地追求画面的某种“艺术趣味”。确立手绘效果图表达的真实性始终是第一位的，绘画上的一切技巧都应当遵照这个原则来运用（图1-4）。

（2）科学性

科学性原则的本质是规范与准确，它是建立在合理与逻辑的基础之上的。它要求绘制者首先必须要具有科学的态度对待画面表现上的每一个环节。无论是起稿、作图或者对光影、色彩的处理，都必须遵从透视学和色彩学的基本规律与作画程序规范，并准确地把握设计数据与设计原始的感受要求。这种近乎程式化的理性处理过程的好处往往是先繁后简、先苦后甜，草率从事会造成无从把握原设计要求，或难以协调画面的各种关系而产生欲速则不达的结果。所以，以科学的态度对待效果图绘制工作是确保效果图存在价值的重要条件。当然，也不能把严谨的科学态度看成一成不变的教条，当能够熟练地把握这些科学的规律与法则，并驾驭各种表现技法之后，就能灵活地而不是死板地，创造性地而不是随意地完成设计最佳效果的表现（图1-5）。

（3）艺术性

手绘技能作为有效的设计表现技法，并非只是设计意图的外在表达形式。就其设计文化的观念而论，它同时又可以显示设计师自身的文化与艺术修养。它要求设计师具备良好的绘画、透视、组织、观察能力，具有图形空间表达的素质。这些条件无疑是一名优秀设计师所必备的专业条件。手绘效果图技法的形式和材料多种多样，它融入了设计师的设计素养，因此，更具艺术感染力，使观者更为亲近。因此，许多优秀设计师的手绘效果图本身就是一件艺术作品（图1-6）。

图1-4

图1-5

图1-6

1.1.3 手绘效果图的优势

（1）手绘能诱导出伟大的创意

手绘草图是一种通过画面诱导获取创意的艺术。大师勒·柯布西耶设计朗香教堂就曾画了一大堆草图，直到帽形创新思维的出现才罢休。丹麦设计师伍重参加悉尼歌剧院方案竞选，用手绘草图的画法最终呈现帆船贝壳的意象，使自己的方案成功胜出。埃菲尔铁塔的设计者埃菲尔也是在一大堆被揉成纸团的手绘草图中发现图纸上的皱褶与图中线条的相互契合而产生伟大的创意。

草图能让创造性意象在狂画中迸发，在冷静思考中成熟；同时，它也是创作思维的外在表现。手绘草图水平达到一定程度就会笔下生花。设计最大的卖点是创意，而手绘草图正是创意的来源（图1-7至图1-9）。

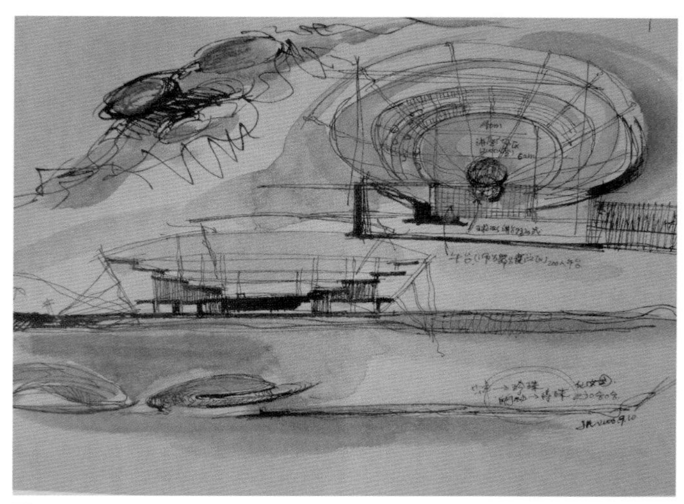

图1-7

图1-8

图1-9

（2）手绘能激发设计灵感

一个好的创意，往往是对设计者最初设计理念的延续。而手绘表现则是对设计理念最直接的体现，其优势是快捷、简明、方便，能随时记录和表达设计师的灵感，是设计师艺术素养与表现技巧等综合能力的体现。设计师在观察和体验生活时，可以随时用手中的笔将生活提炼出来，用于以后的设计中。

手绘表现技法在创作过程中没有固定的模式，灵活多变。在绘图的过程中，本质是设计，多几根线条和少几根线条都是无碍大局的。有时多几笔可能会给构思带来意外的惊喜，正如作家可以从一句格言中得到创作灵感，音乐家可以从弹奏的乐曲中受到新的启发，手绘的过程也会给人许多联想和创作激情，为丰富主题设计增添更多新内容。因此，对每一位设计师来说，徒手绘图的过程就是自我心灵的对话过程（图1-10）。

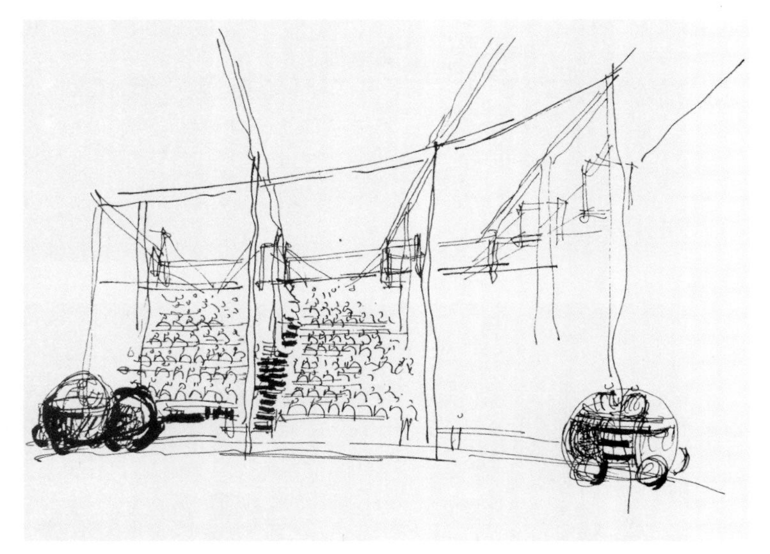

图1-10

（3）手绘能快速表达设计理念

从设计的概念来看，“设”即“设想、思考”，“计”是“计划、计算”。所有的设计都是依赖于手和大脑的结合来实现的。人们在设计构思的过程中，通过不断的比较、推敲和修改，使抽象的思维逐渐成为具体的、可视的对象，手绘是设计师构架理想空间与现实空间的最便捷方式，可以将头脑中已有的想法描绘在纸上。

在设计过程中，图像思维是有力的帮手，手绘表现对设计概念的阐述和快速表达起到极大的作用。

（4）用于自学和收集积累资料

现在许多设计专业人员工作繁忙，没有条件专门抽出完整的学习时间，但又觉得要跟上时代的发展就必须不断“充电”，提高自己的设计技能。采用自学或短期培训的方法进行“速写”与“临摹”的自学方法来学习手绘效果图，这是一种行之有效的方法。用这种方法进行自学，长此以往，便能积累并丰富自己的知识，有效地提高专业工作水平。

1.2 学习手绘效果图的基本方法

1.2.1 临摹

描摹各种优秀作品，研究各种不同的表现方法和风格，从中找出一些规律性的知识，是学习手绘效果图的基本方法之一。通过描摹别人成熟的作品，可以感受到笔势和用色，并且这种感觉会逐渐在自己的心中形成。对作品一根线一根线地模仿，非常机械也非常费力。但是坚持不断画下去，就会发现这样做会变得很容易，也更为轻松了，感觉达到一种“最佳状态”。这种感觉在任何一种学习过程中都存在，无论是学打网球还是学习变戏法。要知道任何大师都有临摹的经历，他们也许就会把它作为学画的诀窍。初学快速手绘表现的人，在下笔前总有一种茫然不知所措的感觉。可以先找一些绘制效果好、图面又不太复杂的范画进行临摹。注意在这一过程中吸收与掌握有价值的技法，训练自己的分析能力和动手能力，同时，也是为了逐步掌握绘图工具，以达到熟能生巧的目的（图1-11、图1-12）。

图1-11

图1-12

1.2.2 仿效

临摹之后要做的就是仿效，它是指用别人的笔势和色彩风格来做自己的画。这是一个很有挑战性的练习。首先，通过观察临摹优秀的作品来熟悉笔势和色彩风格。要注意线条的种类有哪些，色彩是如何运用的，作画的工具有哪些，哪些地方要严谨一些，哪些地方要放开一些，等等。有些设计师担心在临摹和仿效中会失去自我。“我害怕当我画得像别人的时候，我就找不回自己了。”其实担心是多余的，在仿效中暂时忘记“自我”。不管怎样，模仿中总有自己的一些东西。

1.2.3 写生和默写

科学的训练方法其实只是解决了传统绘画的问题，而设计手绘是在传统方法基础上更为快速、概括、灵动的再创造过程。设计源于生活，所以，坚持长期持续地深入自然与社会中观察、写生，在训练手绘技能的同时去获取第一手素材与资讯，将在今后的设计与交流实践中迅速、准确地表达设计思想起到至关重要的作用，并在设计实践中发挥出非常实际的应用价值。最有效的方法是通过写生和默写来进入这一阶段，在写生的过程中进一步通过观察、思考以及表现(练手)，可加深对各种不同的表现技法的理解和掌握，做到眼、脑、手的高度统一与完美结合（图1-13）。

图1-13

默写主要是依据对形象的理解和记忆来完成的，它可以提高练习者对形象的理解力、概括力和记忆力。古代画家常“收尽奇峰打草稿”，其实是“看”，是“观察”。将险峰奇石尽收眼底，山水灵性默记于心，最后通过默写的方式表现于笔端。初学者在仿效时，要注意优秀的作品是怎样表现各种材料质感和造型的，要尽量使用优秀的作品的笔势和用色来完成一幅自己的作品。把自己通过临摹学习的技法和具有参考价值的东西运用在所绘制的效果图中。虽然还残留着别人的痕迹，但这已经是从演习向实战过渡了（可尝试作花卉植物默写练习，图1-14）。

图1-14

1.2.4 设计与创意

当通过临摹和仿效，对于快速手绘的线条和用色都掌握得比较熟练了，就可以自己尝试进行设计。在这个阶段，可以根据某个家装方案的设计意图或作业课题等，进行创意表现（图1-15）。在表现过程中，要注意有效地通过设计构思及绘画技法的运用，把家装设计意图快速、完美地表现出来，这就成为带有个人风格和一定水平的快速手绘表现。开始时也许速度并不快，线条和色彩也并不漂亮，但只要多练习，坚持下去就会有收获。只要有信心耐力，掌握正确的思想和工作方法，持之以恒，长期积累，总有一天会在快速手绘表现上达到“意到笔到、得心应手”的境界。

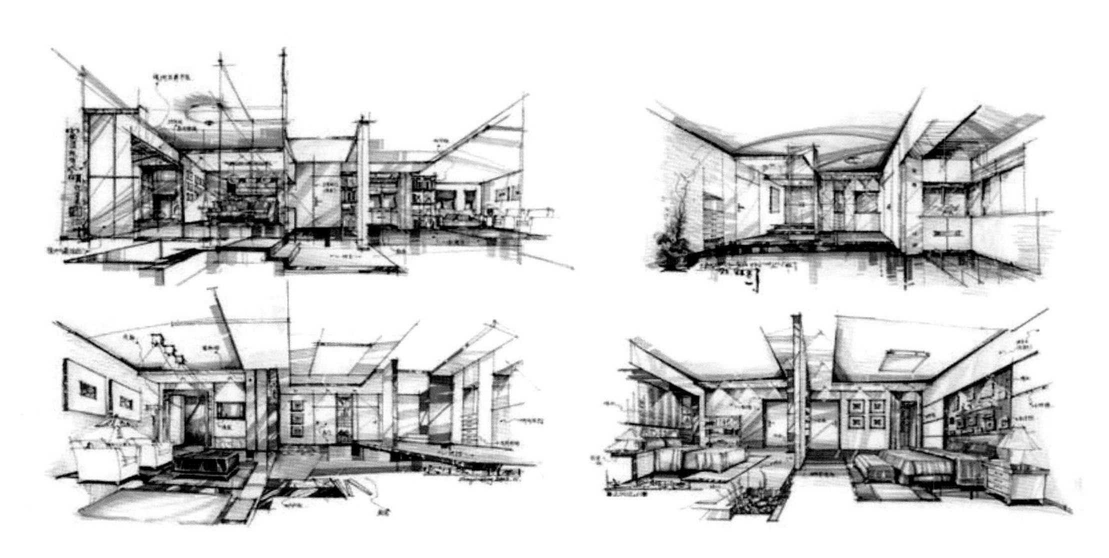

图1-15

1.2.5 其他素质

（1）坚持

初学者一般对手绘表现的兴趣很大，一旦几张图画不好，很容易产生挫折感，认为自己不适合学画效果图。其实，学习手绘表现的理论必须通过大量的实践才能真正有所理解，有所收获，这是一个相互推动、相互促进的学习研究过程。要有足够的时间作相当数量的快速手绘练习，要舍得下功夫，只有一定数量和时间的积累才能换来质的提高。

（2）美术基本功

作为设计的视觉传达语言，手绘表现图，它不同于专业性很强的技术性图纸，是借助于造型艺术手段，用感性的表达方式把设计构思具体地、形象地表达出来，传达给观者。好的手绘效果图可以帮助设计师在早期把握整体关系并以准确的方式传达给相关的人员，有助于推动设计的进一步深化。因此，作为设计视觉交流语言的手绘图，需要设计师有一定的造型艺术方面的基本知识，尤其是专业表现技法的技能和知识。可以这样认为，绘画技能和知识水平的高低，决定了专业表现技法所能达到的水平，设计师的手绘能力则决定了自我交流和他人交流的水平。就像钢琴家在弹奏过程中自如地敲击琴键一样，优秀的设计师也应该用熟练的画笔来表达自己的思想。没有扎实的基本功，很难自如地表现对象，更难用图形语言来表达和交流。因此，学好专业表现技法的前提就是应该先打好绘画基础，包括素描、色彩、速写、透视等基本功，使手绘表现技能成为设计师的有力武器。

（3）开阔眼界，善于总结

平时要多欣赏名家优秀设计作品，从中汲取营养；阅读书本知识，多翻阅参考书和相关杂志中的理论知识；要善于总结自己和旁人的经验，这些都是高效率的学习方式。快速手绘表现的理论和实践是紧密结合的统一体，相对而言，其实践能力或者说动手能力又占相当的比重，但同时也要结合快速手绘表现理论，勤于思考。

（4）开拓设计思维

手绘表现不仅仅是画得漂亮就好，只有好的设计思维才能勾画出好的效果图。一位设计者在他的作品中表现出的设计思维及审美取向，在很大的程度上受个人文化层次的牵制。因此，提高自身的综合素养，广泛吸收各种精华，积极地去感受社会和生活，不断地去提高和充实自己，这也是提高手绘表现能力的关键所在。

（5）提高艺术修养

一幅有个性魅力的作品是最能打动人的，然而个性是没有捷径或方法可传授的，作品的个性是作者本身个人风格的自然流露。这种 “自然流露”是艺术家通过刻苦的磨练，将自己的性情、爱好、修养升华为艺术情态，再融进作品中。所以，作为一名成熟的效果图画家，其艺术风格或甜美，或质朴，或清淡，都不是通过刻意去追求而来的，而是其修养与技术的综合体现。效果图的最高艺术境界就是画家在作品中挥洒出自己的致趣，虽然它描绘的是客观实景，但从其所描写的对象到其画面本身都是作为一种艺术形式而存在的。所以，学习效果图的关键就不仅在于表现构思，还要通过潜移默化的作用来提高艺术修为。设计师的职业之所以受人尊敬，是因为他的创造力和想象力是建立在渊博的文化知识、细致的生活体验和良好的艺术修为之上的。

2.

技法技巧篇

学习内容：
手绘效果图的线条认知和应用，学习手绘效果图透视常识和画法，手绘效果图上色的步骤和方法。
学习方法：
大量训练，大胆动笔，通过自评、同学互评、老师点评来提高手绘效果图的技法技巧。
技能目标：
能正确地手绘平面图和立面图，具备手绘效果图透视表达能力，掌握手绘效果图上色的正确方法。
技能评价：
能自觉完成大量练习并整理归类，进行展示和现场作画。在学习的过程中，能大胆地表达自己的认识和理解，有个人的特点，表达能力强。

2.1 环境设计手绘效果图表现技法

2.1.1 线条表现技法

(1)线条的用笔

手绘效果图的线条主要以钢笔、美工钢笔、中性笔、铅笔表现为主。握笔姿势以写字握笔姿势为主。运笔如楷书横画一样讲究起笔、行笔、收笔;用力主要在手指、手掌、腕力;运笔“力”的把握是手绘表现的魅力之一。

(2)线条的特征

线条组织讲究疏密对比、长短对比、曲直对比、黑白灰的对比、上紧下松、点线面的相互呼应等,主要有以下特征(图2-1)。

刚劲挺拔的线(直线):直线的表现有两种可能,一种是徒手绘制,另一种是利用尺子绘制。

柔中带刚的线(曲线):在运用曲线时,一定要强调曲线的弹性、张力。画曲线时用笔一定要果断、肯定、有力,要一气呵成,中间不能“断气”。

纤细绵软的线(颤线):颤线可以排列得较为工整,通过有序的颤线排列可以形成各种不同疏密的面,并组成画面中的光影关系。颤线穿插于各种线条之中,与其他线型组织在一起构成空间的效果。作者可以在“颤线”的运用中把自己的感受充分地融入线的表现过程中,或激情澎湃,或清净平和。可见,颤线是丰富效果图表情的有效手段。

一般的线:符合透视规律,造型规律,连贯、清晰。

(3)线条的观察方法

通常认为徒手画线主要体现手上功夫,其实不然,运用方向、尺度主要在于掌握正确的观察方法(图2-2)。

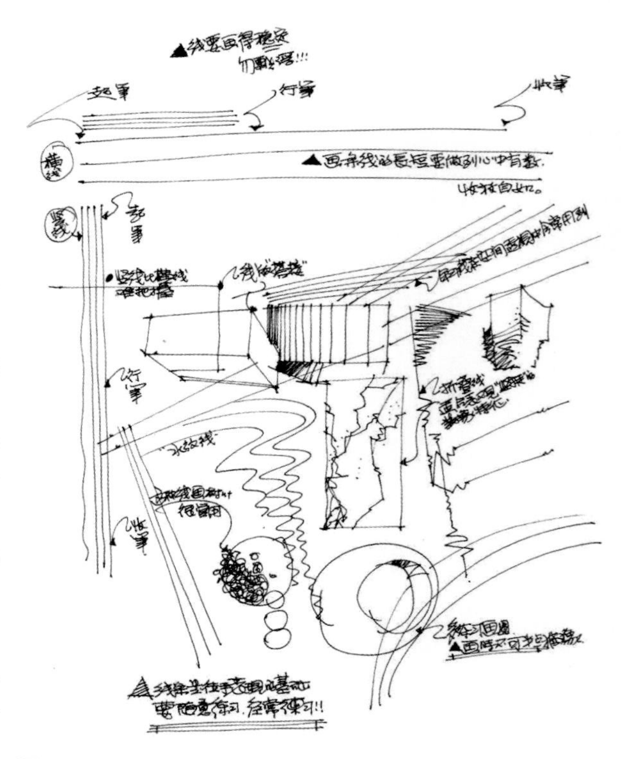

图2-1

平行观察方法：依据垂直、水平的参照物。

对应观察方法：有意识、有条理地主动制定逻辑规则。

平横观察方法：对线进行逐量的视觉分配，以求平均。

尺度观察方法：手绘表现画线区别于纯绘画，要有尺度概念。

（4）线条的训练

①直线的训练

徒手绘制直线可以分为“快画法”和“慢画法”两种方法（图2-3）。流畅，快速，波折是属于“快画法”；均匀，顿挫，齿状是“慢画法”。画直线运笔要放松，一次一条线，切忌分小段往复描绘；过长的线可断开，分断再画，线条搭接不易出现小点；宁可局部小弯，也要整体大直（图2-4）。

常见的错误画法：涂改的习惯；“顺手”的习惯（倾斜、颠倒画纸）；不确定的习惯（补笔、蓄笔、甩笔、荡笔）（图2-5）。

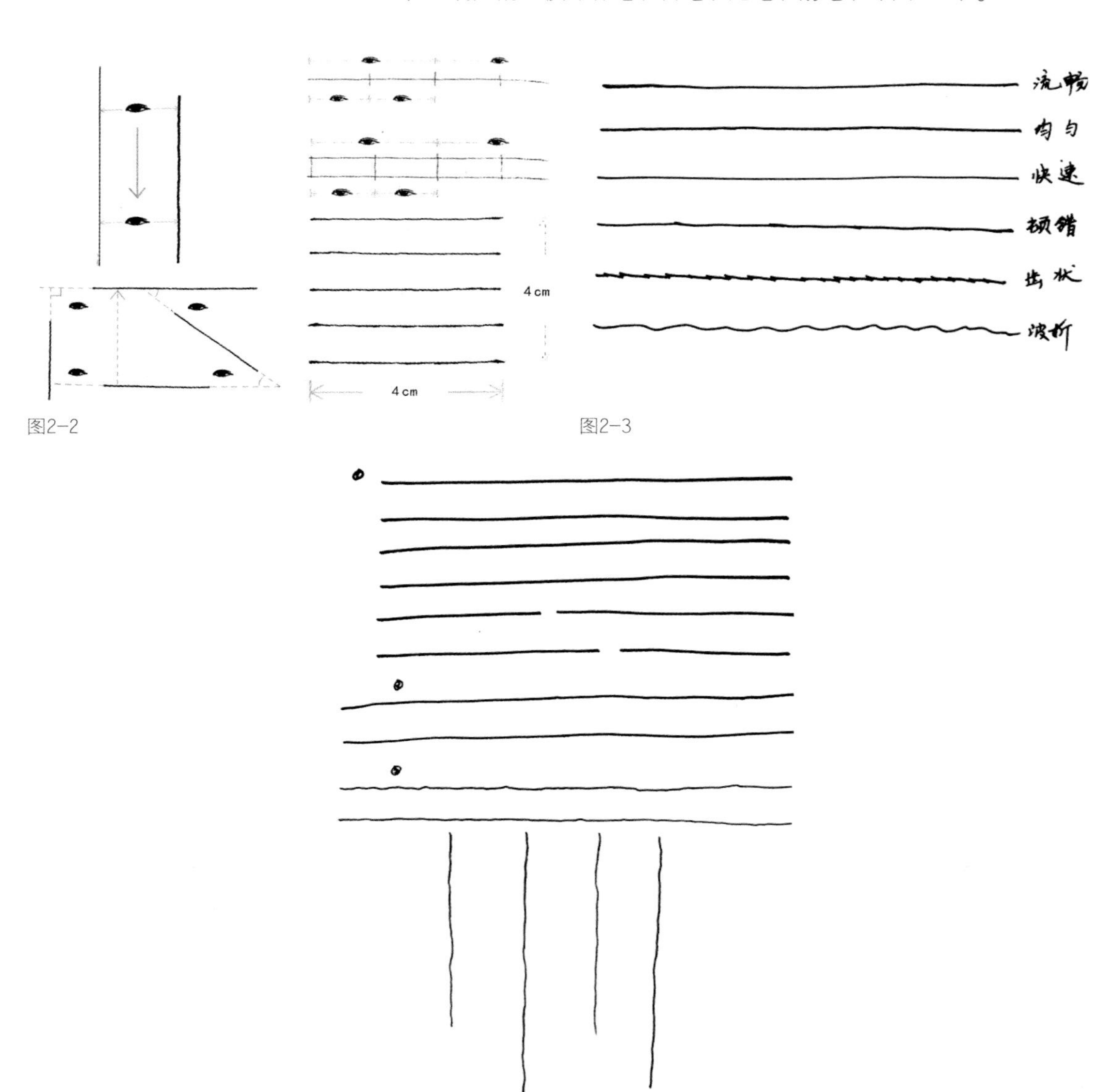

图2-2

图2-3

图2-4

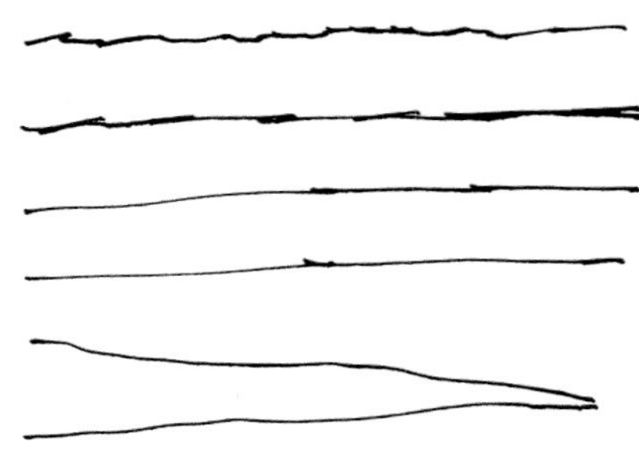
图2-5

②弧线的训练

应注意速度、尺度、平衡、弧度、方向、力度等方面。在弧线的排列上要注意讲求韵律、韵味，最好不要反复，不要断笔，要一气呵成，有弹性。

③组合线的训练

齿轮线训练：具有较强的随意性，用笔灵活多变，线条走向也应该蜿蜒曲折，具有一定的不规则性。画线不要求快，更不能按固定模式反复（图2-6）。

锯齿线训练：速度略快，要保持平稳，长短不一，讲究自由进退效果，整体保持统一（图2-7）。

爆炸线训练：类似锯齿线，整体轮廓是放射性的，尽量避免“套索”现象的出现（图2-8）。

水花线训练：体现用笔的灵活度，以曲线形式为基础，提高对自由曲线和流线的适应（图2-9）。

波浪线训练：刻意地强调轻重缓急，线条压力要有轻重缓急，呈现较为匀称的效果（图2-10）。

骨牌线训练：由多条短线排列组成，形态像连续倒下的骨牌，分为长短不一的组，很有序列感；其变化主要是疏密的变化，在手绘效果图表现中应用十分广泛（图2-11）。

稻垛线训练：由多组排列的短线交错叠加，多用于植物或织物的表现（图2-12）。

弹簧线训练：随意性很大，多用于快速设计表现技法，属于“乱笔”一类（图2-13）。

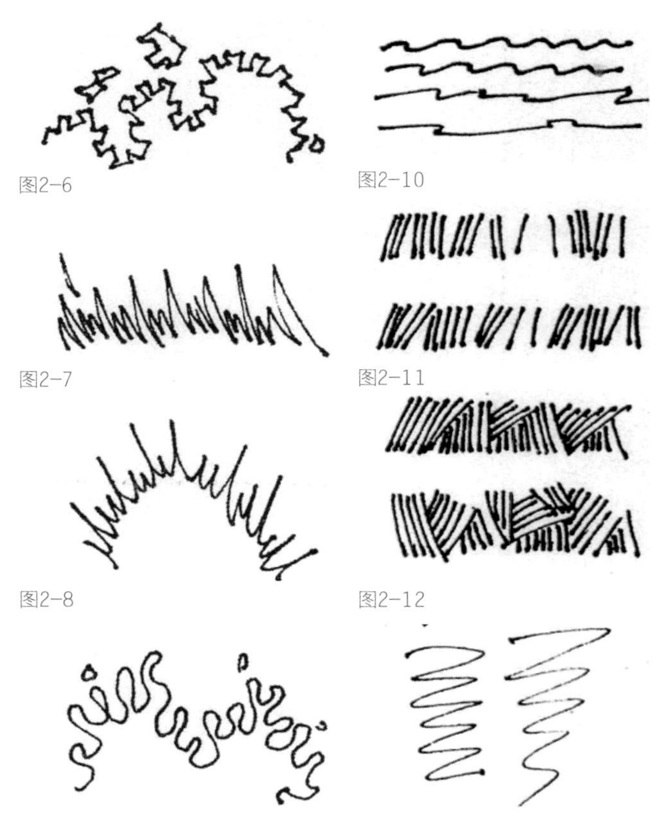
图2-6 图2-10 图2-7 图2-11 图2-8 图2-12 图2-9 图2-13

④线条的组合叠加训练

不管是原方向，还是换方向的叠加，都要以是否能准确表达物象的质感、色感、量感为原则。叠加的次数，也应遵循以上原则。

a.直线条组合（图2-14）。

b.曲线条组合（图2-15）。

c.点与小圆的组合（图2-16）。

d.直线线段的组合（图2-17）。

图2-14

图2-15

图2-16

图2-17

⑤用线条表现渐变的训练

有依靠手上力度大小而产生的渐变，也有依靠线条的叠加次数来形成渐变，还有依靠疏密产生渐变的效果。有的需要从深而浅，有的则需要由浅而深。

a.用直线表现退晕（图2-18、图2-19）。

b.用曲线表现退晕（图2-20、图2-21）。

c.用点或小圆表现退晕（图2-22、图2-23）。

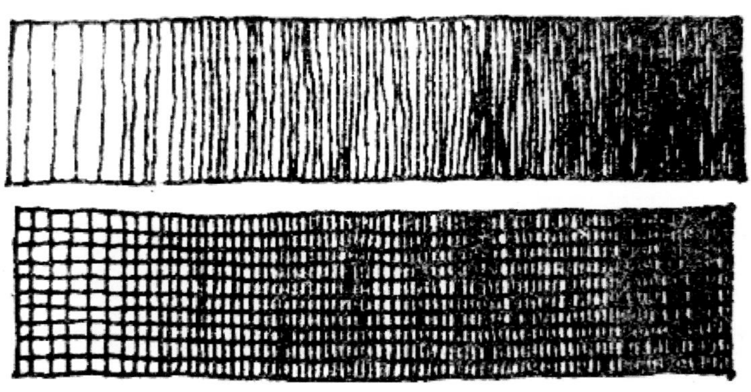

图2-18　渐变退晕

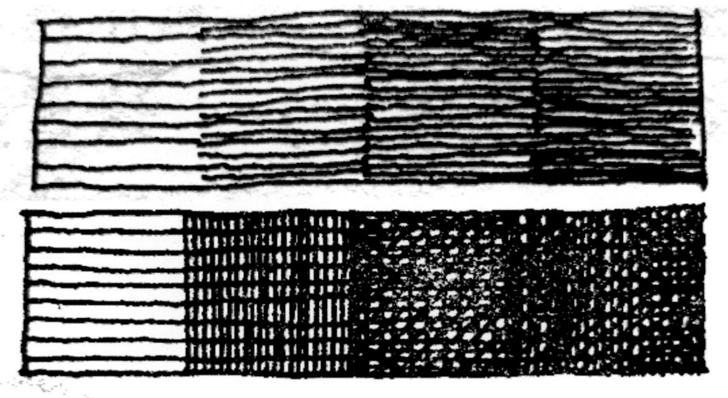

图2-19　分格退晕

图2-20　渐变退晕

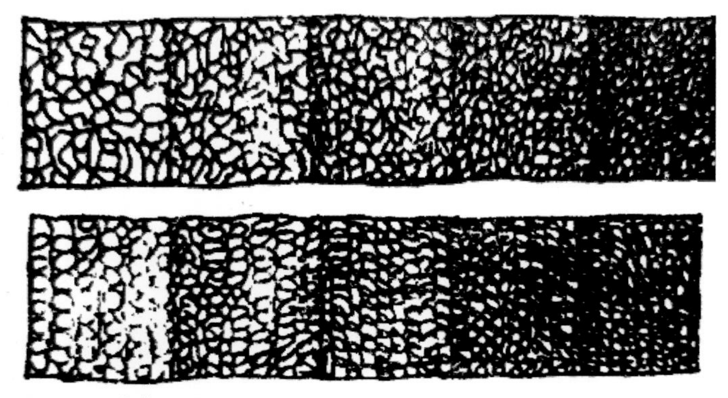

图2-21　分格退晕

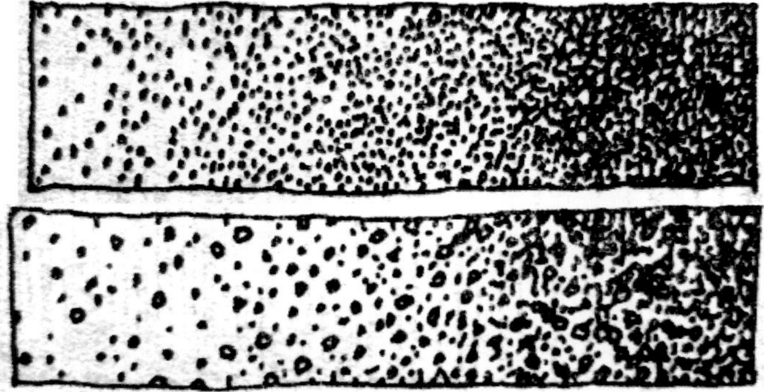

图2-22　渐变退晕

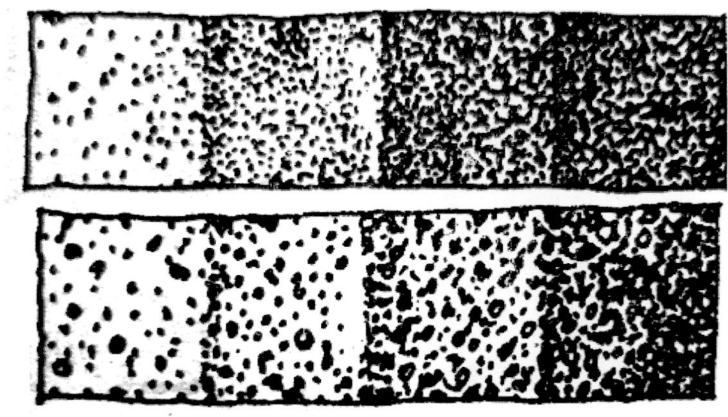

图2-23　分格退晕

渐变主要是指深浅从白到浅灰，到中灰，再到深灰，最后到黑的变化（图2-24）。

渐变的同时，兼顾装饰图案，会更生动（图2-25）。

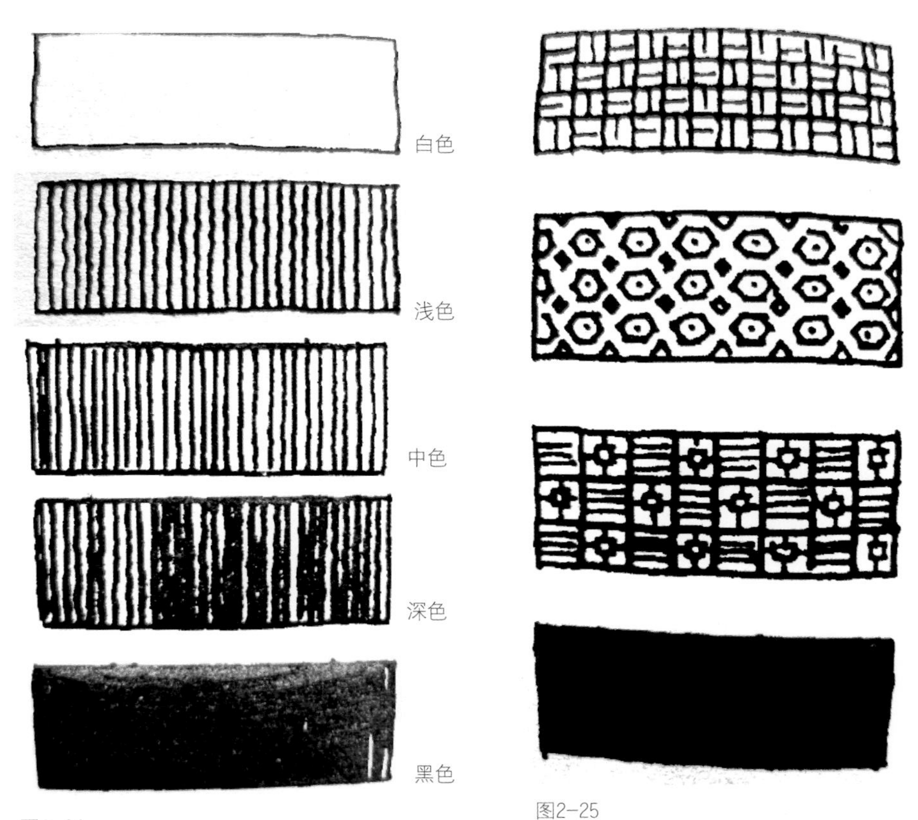

图2-24

图2-25

⑥线条对质感的表现训练

a.表现不同类别、格调的钢笔画笔触练习（图2-26）。

b.用十字或交叉线条表现平面质感（图2-27）。

c.用线条针对不同材质进行表现（图2-28、图2-29）。

图2-26

图2-27

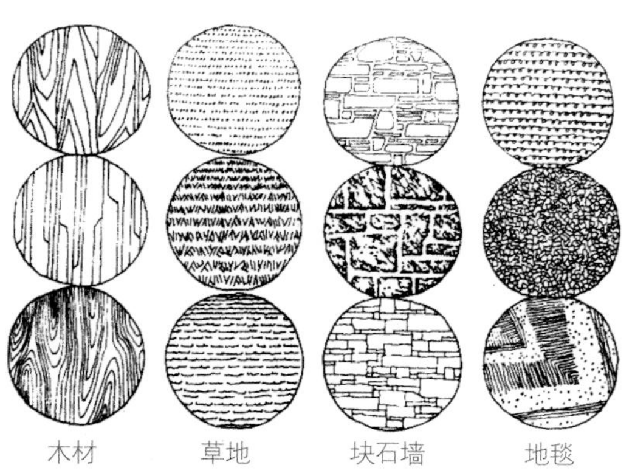

图2-28

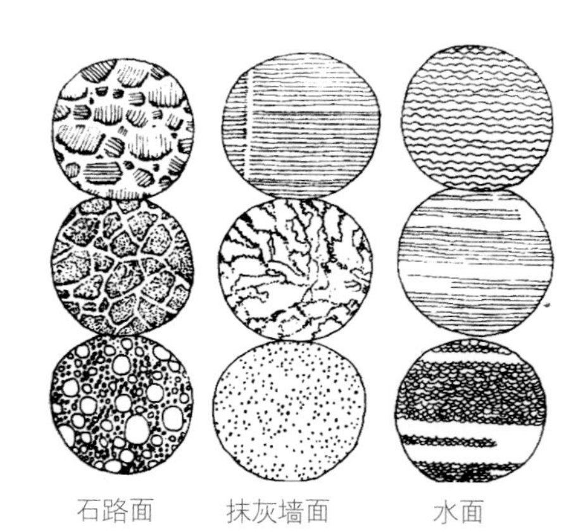

图2-29

⑦在写生中锤炼线条

写生对象是有结构、有体积、有明暗、有颜色、有质感、有重量感的，要想把线条练活就必须在生活中发现美，表现美，面对真实的世界写生（图2-30至图2-32）。

图2-30

图2-31

图2-32

2.1.2 平面图、立面图表现技法

环境设计是一门具有四度空间的环境艺术。虽然利用正投影原理所绘制的平、立面图不能表现人们对空间环境的直接感受，但其确实能解决空间的构图设计和满足施工的需要（图2-33至图2-35）。

建筑内部是由长、宽、高三个方向构成的一个立方空间，称为三度空间体系。要在图纸上全面、完整、准确地表示它，就必须利用正投影制图，绘制出空间界面的平、立面图。

正投影制图能够科学地再现空间界面的真实比例与尺度，就像一个被拆开的方盒子（如图2-36）。

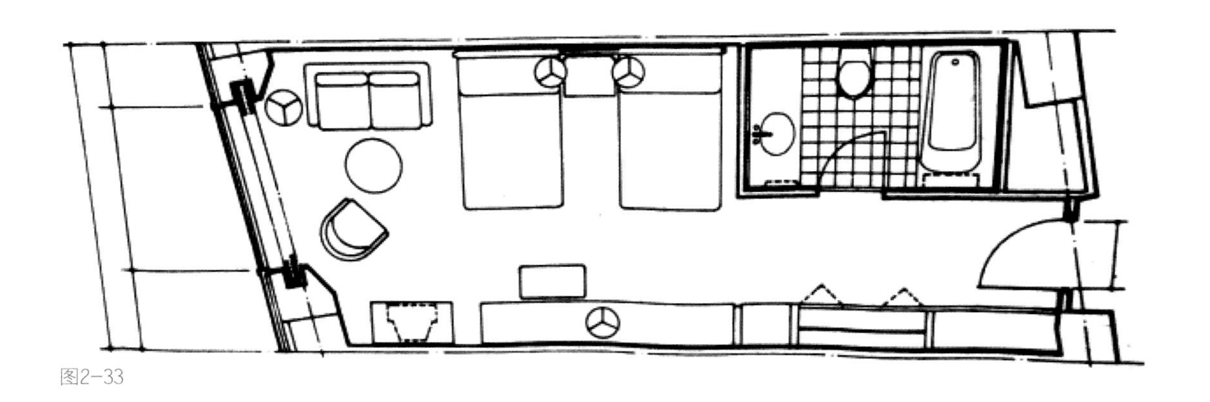

图2-33

图2-34

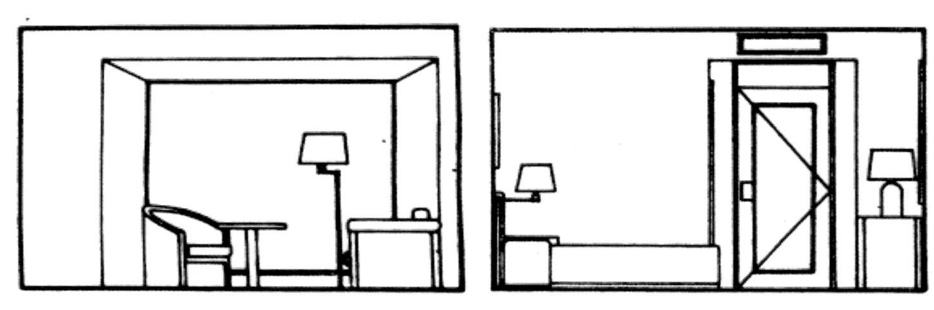

图2-35

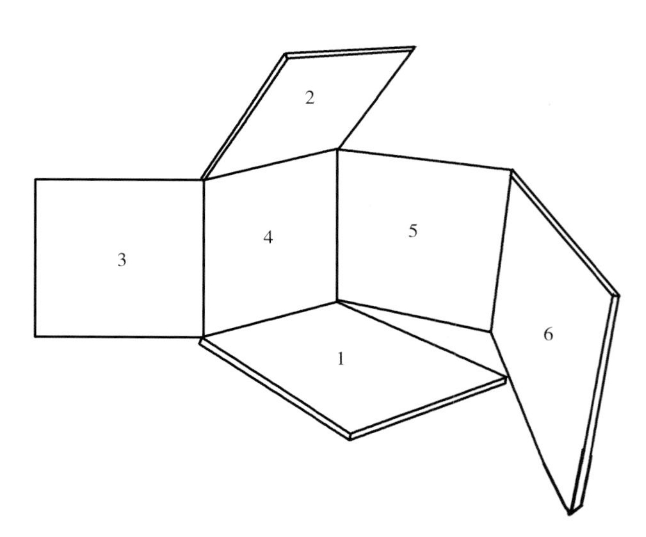

图2-36

徒手绘制平面图和立面图，也需要一定的建筑制图标准和规范。

（1）尺寸标准

除了标高及总平面图以m为单位，其余均以cm为单位。尺寸的起止点，一般采用短画线和圆点（图2-37）。曲线的图形尺寸，可用尺寸网格表示（图2-38）。

（2）圆弧及角度的表示法

一般有直径、半径、夹角等（图2-39、图2-40）。

（3）标高

一般注到小数点以后第二位为止，如：20.00、3.60及-1.50等（图2-41、图2-42）。

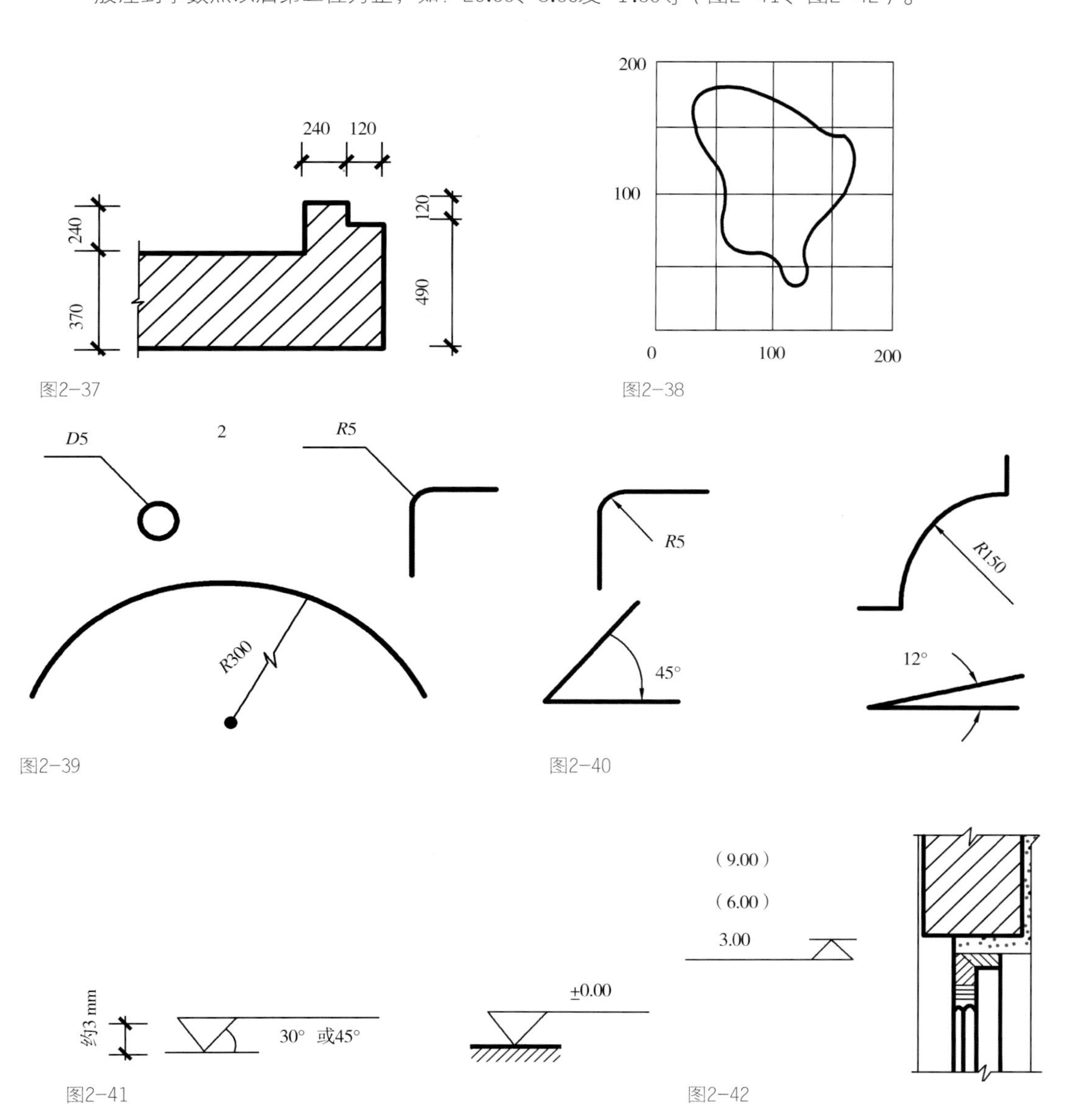

图2-37

图2-38

图2-39

图2-40

图2-41

图2-42

（4）图线

图面的各线条，应按照以下规定采用。

①标准实线宽度用b来表示，b=0.4~0.8 mm，适用于立面轮廓线、表格的外框线等。

②细实线宽为b/4或稍细，适用于尺寸线及引出线、可见轮廓线、剖面中的次要线条（如粉刷线、图例线等）、表格中的分格线。

③中实线宽度是b/2，适用于立面图上的门窗及突出部分（檐口、窗台、台阶等）的轮廓线。

④粗实线线宽为b 或更粗，适用于剖面图的轮廓线、剖面的剖切线、图框线等。

⑤折断线，宽度是b/4或稍细，适用于长距离图面断开线。

⑥点划线，宽度是b/4或稍细，适用于中心线、定位轴线。

⑦虚线，宽度是b/4或稍细，适用于不可见轮廓线。

（5）引出线

①引出线应采用细直线，不要用曲线。

②索引详图的引出线，应对准圆心。

③引出线同时索引几个相同部分时，各引出线应相互保持平行。

④多层构造引出线，必须通过被引的各层，并保持垂直方向。文字说明的次序，应与构造层次一致，一般由上而下，从左到右。

（6）比例尺

平面、立面、剖面一般为1:50，即实物长度10米，图上线段长度200毫米；1:100，即实物长度20米，图上线段长度200毫米；1:200，即实物长度40米，图上线段长度200毫米。

（7）平面图、立面图的欣赏与临摹

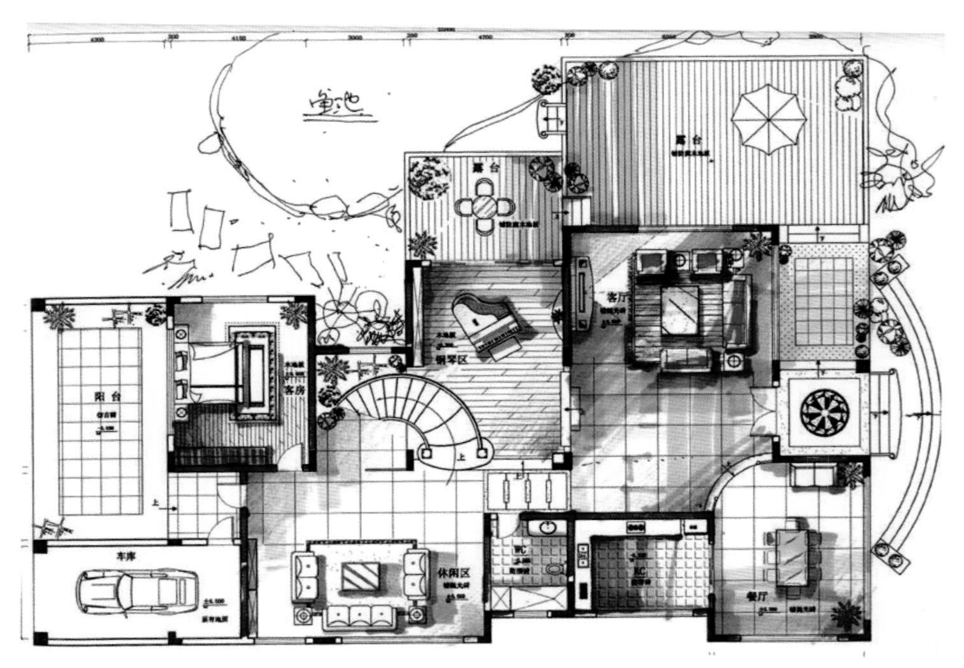

图2-43

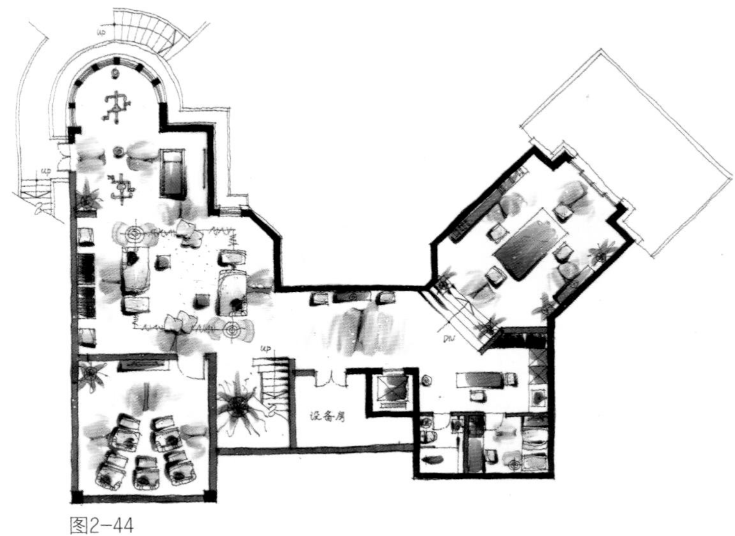

图2-44

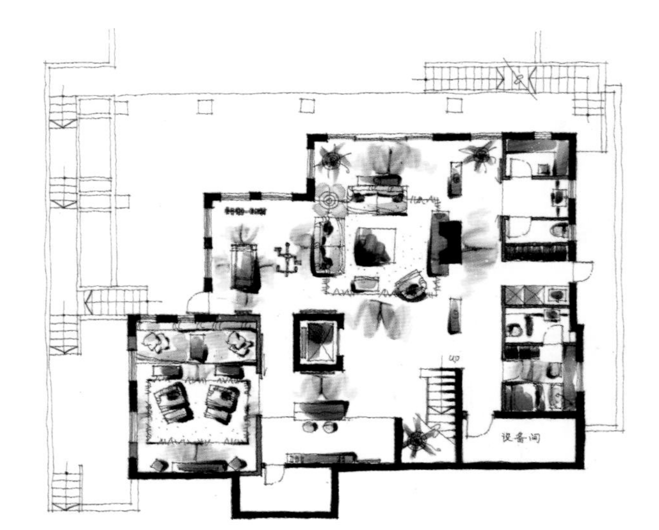

图2-45

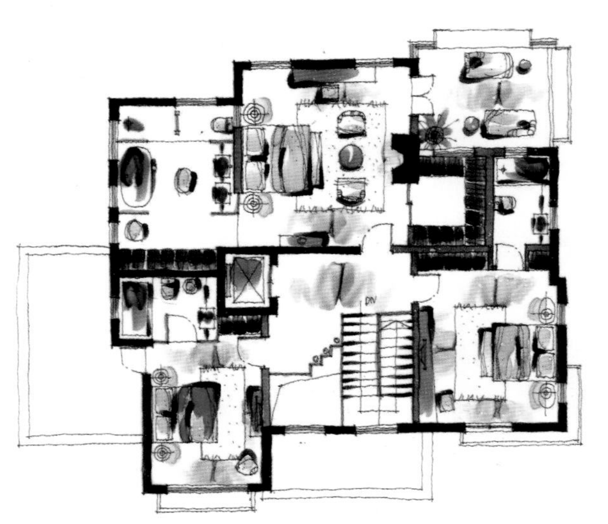

图2-46

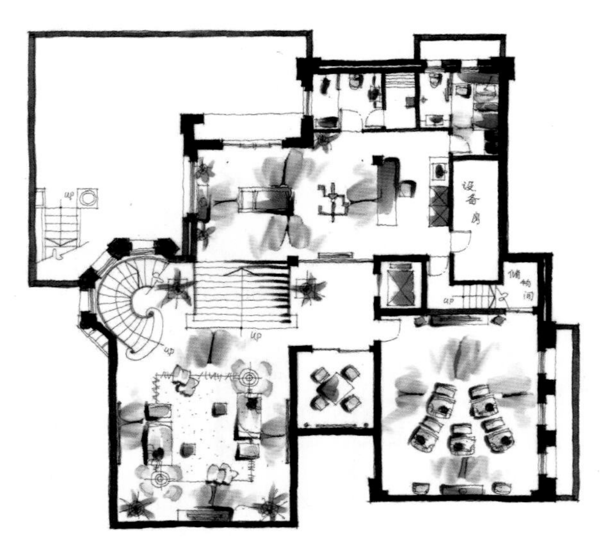

图2-47

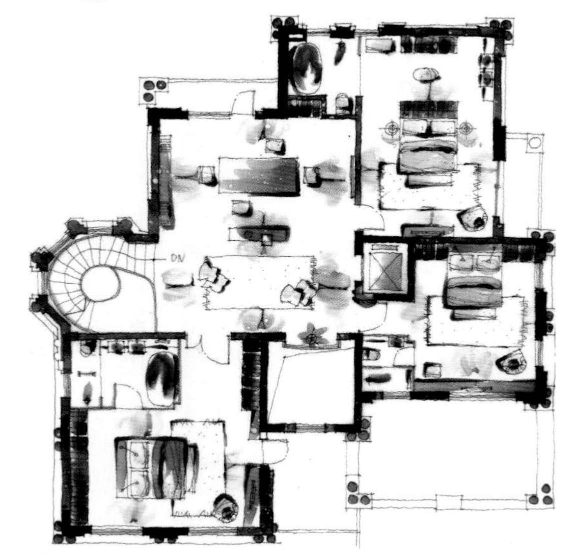

图2-48

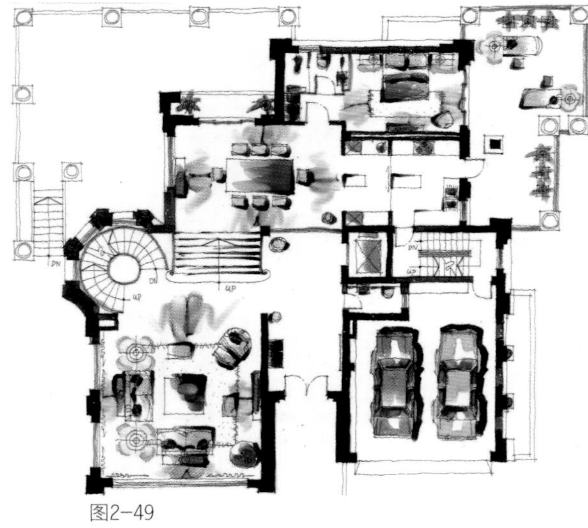

图2-49

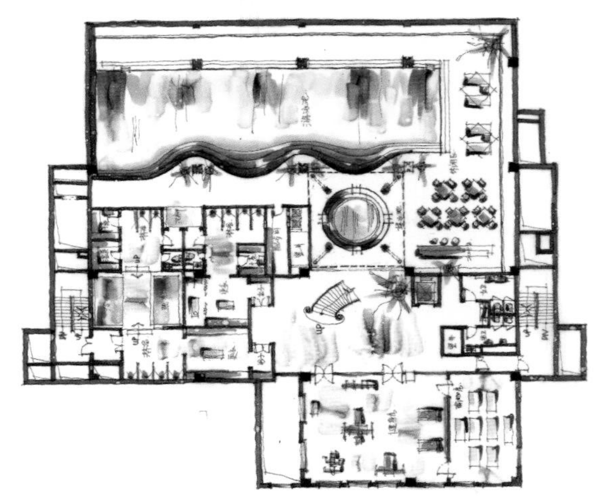

图2-50

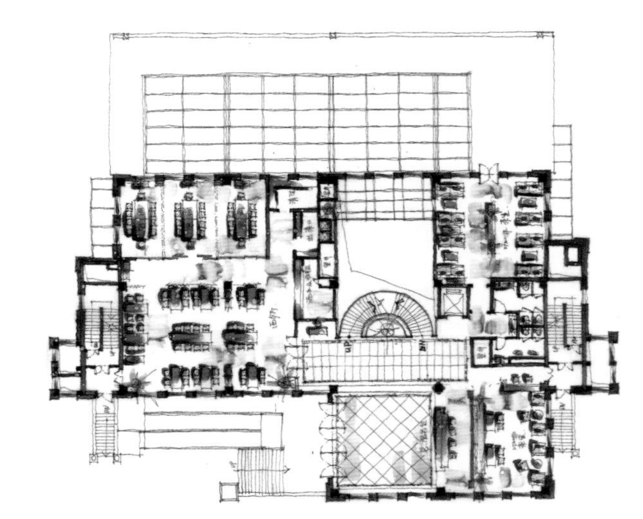

图2-51

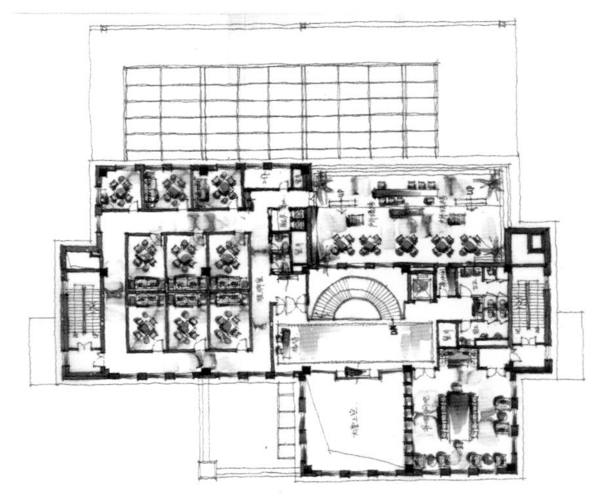

图2-52

2.1.3 单体、组合体钢笔表现技法

任何复杂的形体都离不开“几何体”的框架，空间也是如此。比如沙发、桌椅等，无论它形状有多复杂，先把它看成一个盒子或一个几何体，这样一来就有信心表现它了，二来也比较容易入手。几何体状的盒子要正确地画到画面上，还要有正确的透视概念，这样才能够保证单体在画面的视觉正确性（图2-53、图2-54）。

有了几何体的概念以后，就可以按单体的基本尺度和比例关系来进行结构的划分，再在单体的基本尺度和比例的基础上进行刻画，要学会把正确的造型从盒子样的几何体里面“掏”出来，这是进行单体表现训练时把握整体比例和透视的有效方法，并且适合初学者，以后熟练了就自然而然地脱离了几何体“盒子”（图2-55至图2-58）。

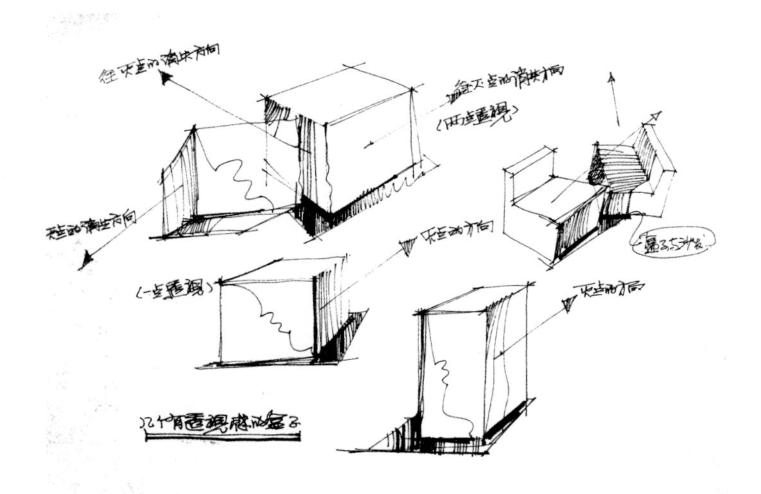

图2-53

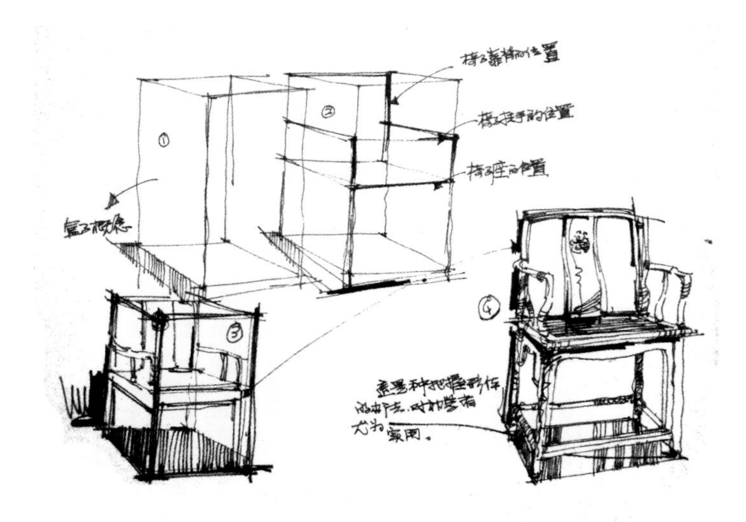

图2-54

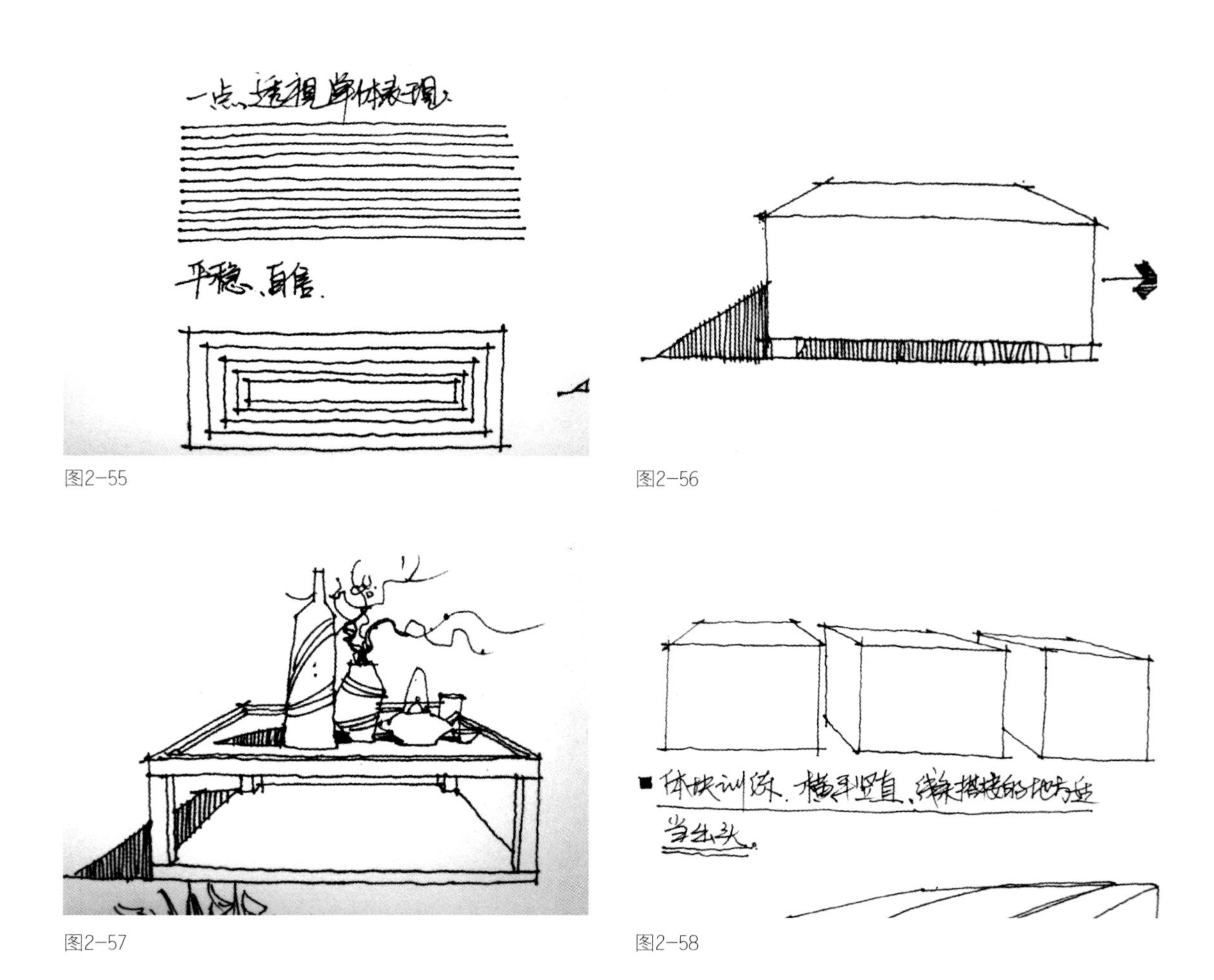

图2-55

图2-56

图2-57

图2-58

（1）灯饰

重点是对圆的透视知识的把握，灯饰主要位于视平线上方，所以要注意仰视的效果表达（图2-59至图2-92）。

图2-59

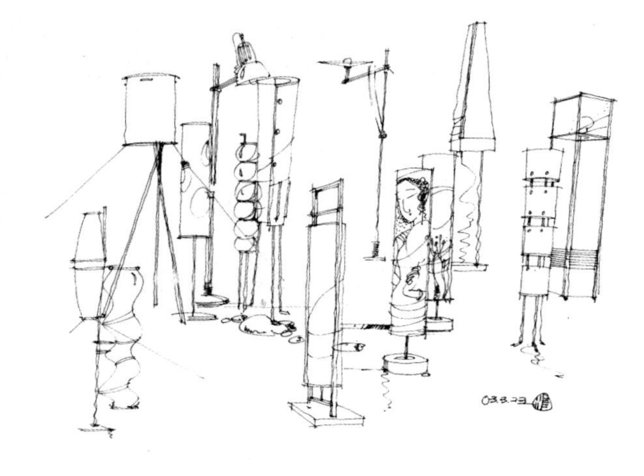

图2-60

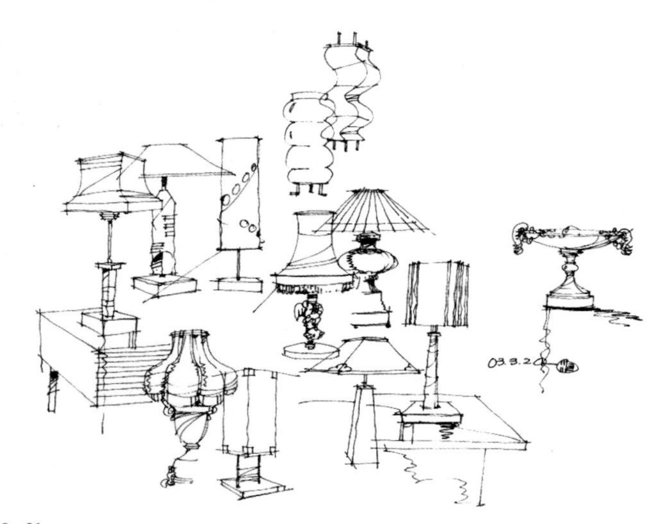

图2-61

图2-62

图2-63

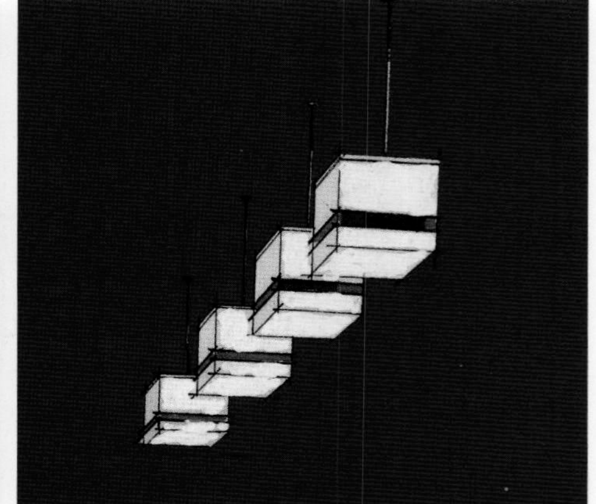

图2-64

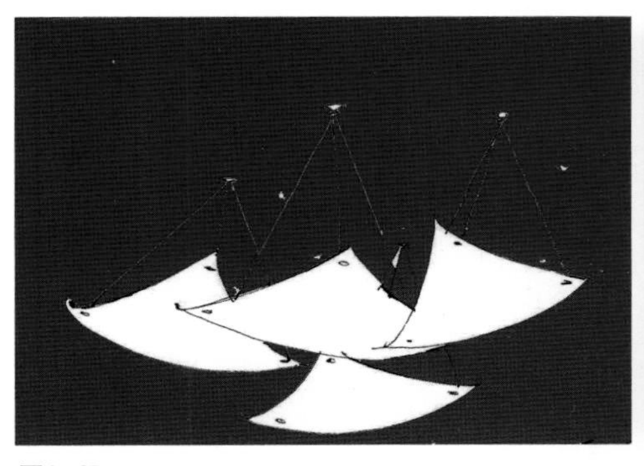

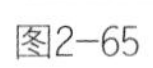

图2-65

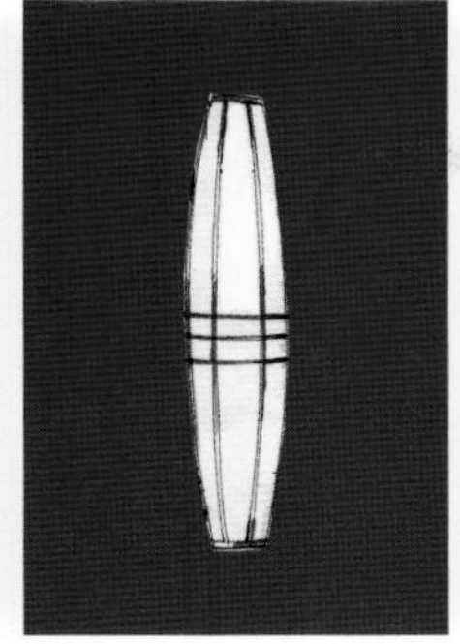

图2-66

图2-67

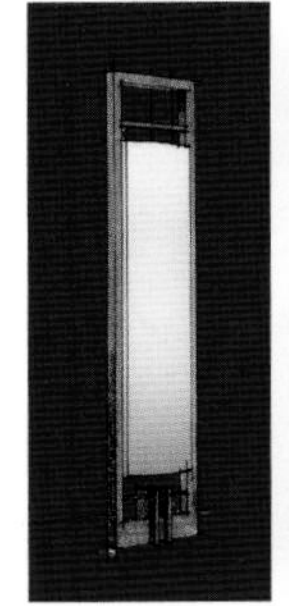

图2-68

图2-69

图2-70

图2-71

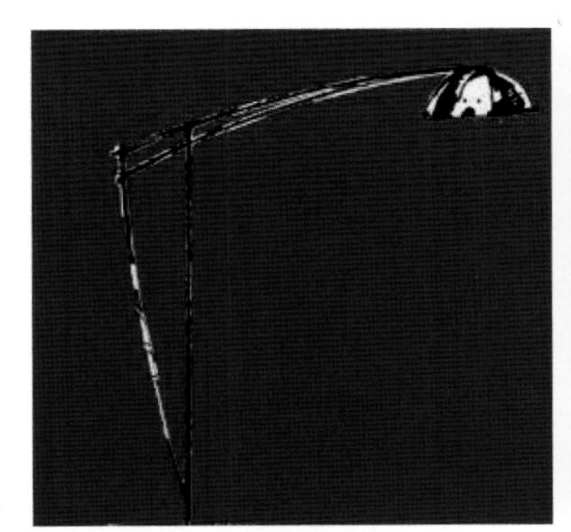

图2-72

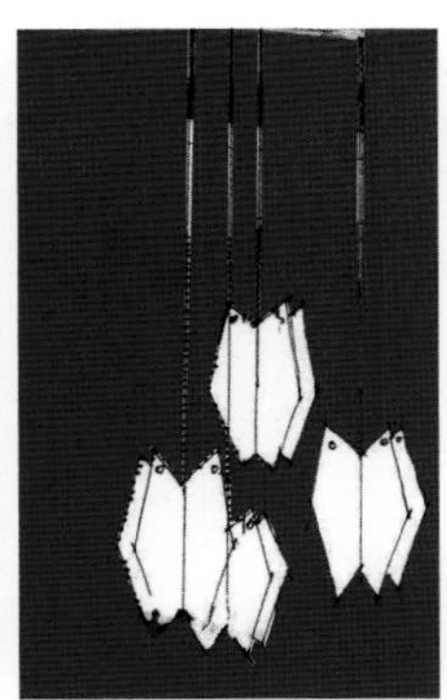

图2-73

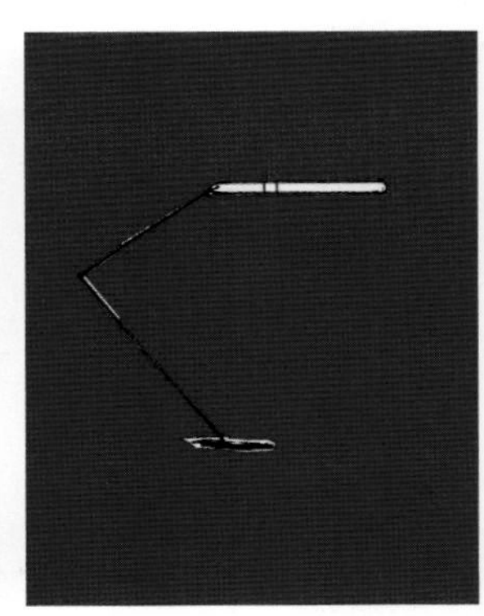

图2-74

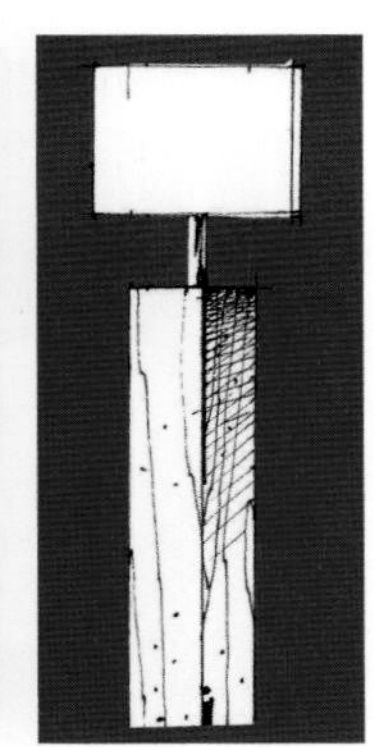

图2-75

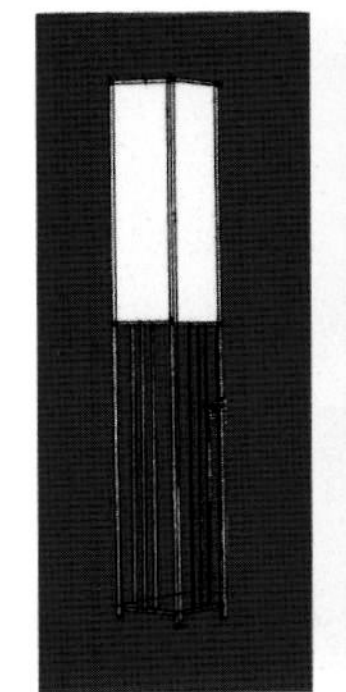

图2-76

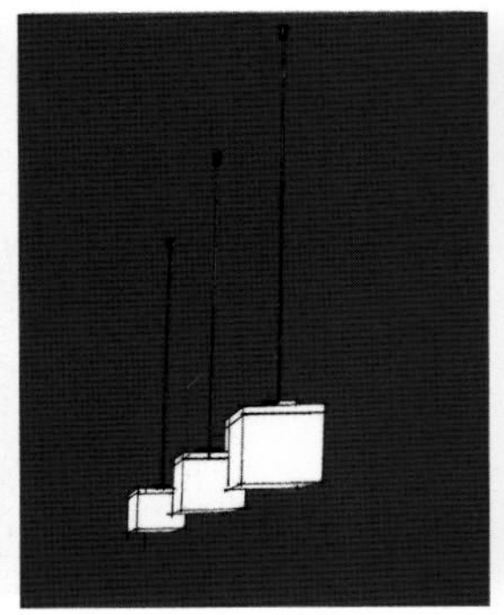

图2-77

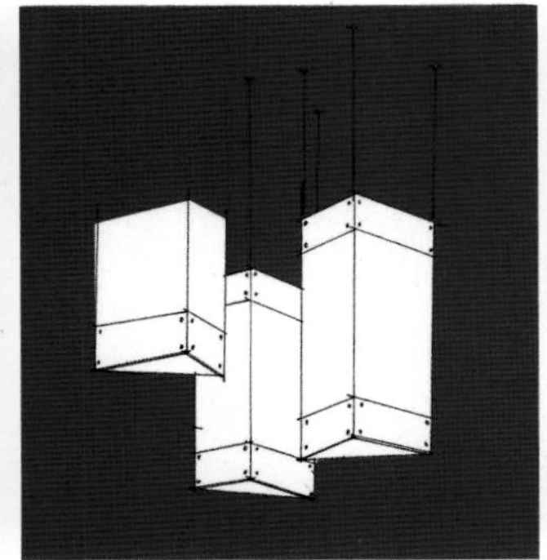

图2-78

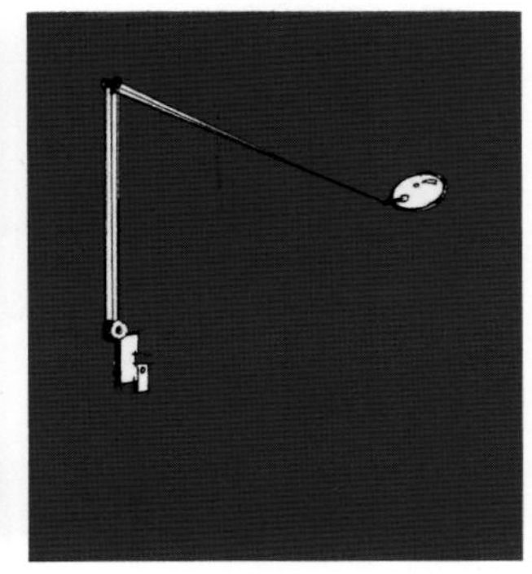

图2-79

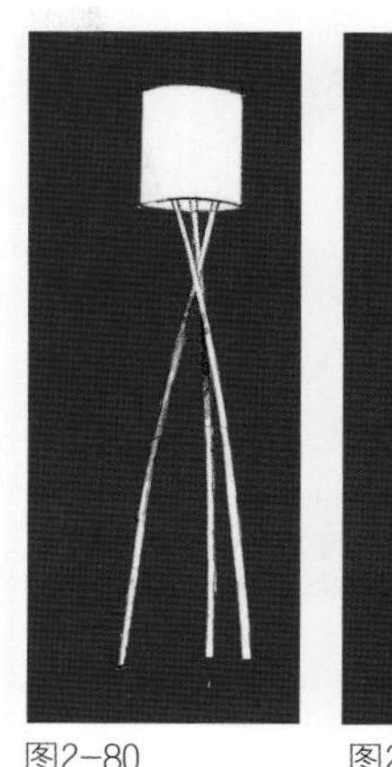
图2-80

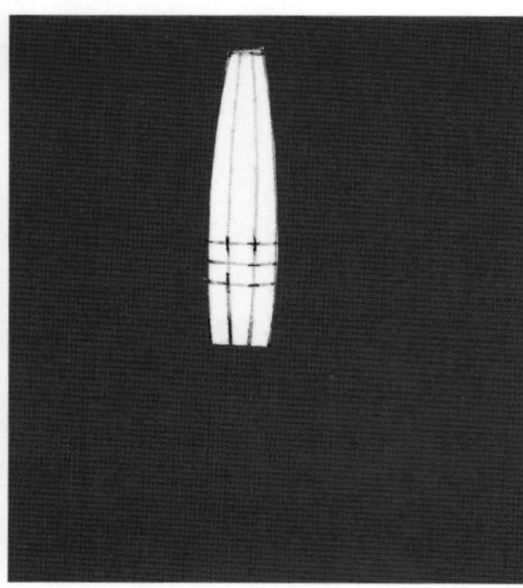
图2-81

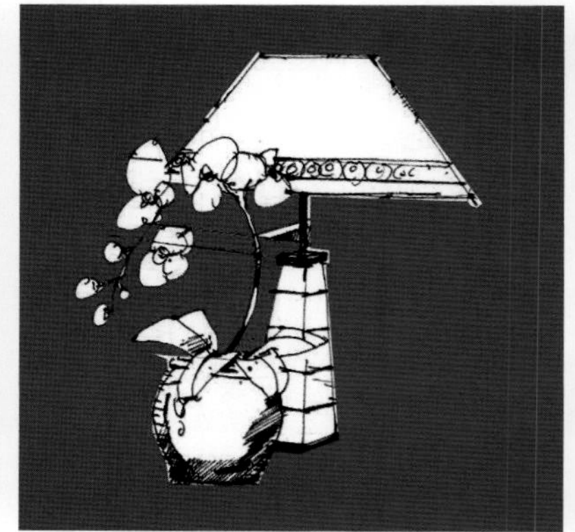
图2-82

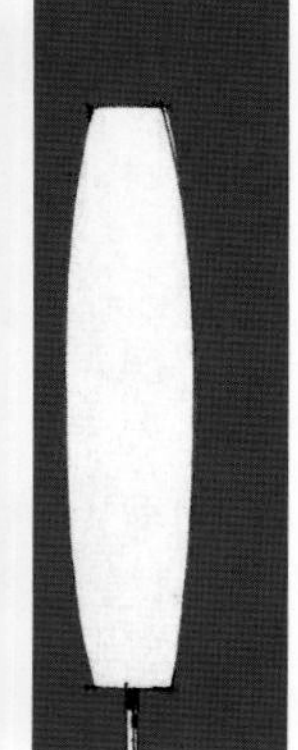
图2-83

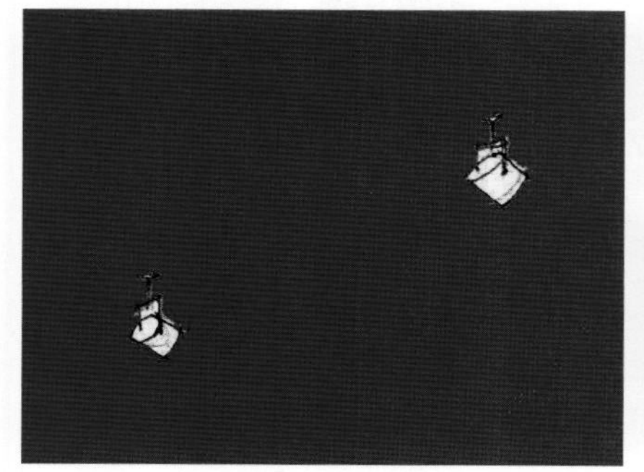
图2-84

图2-85

图2-86

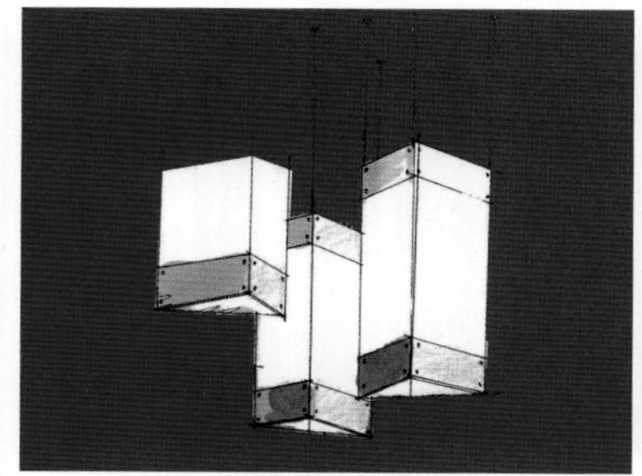
图2-87

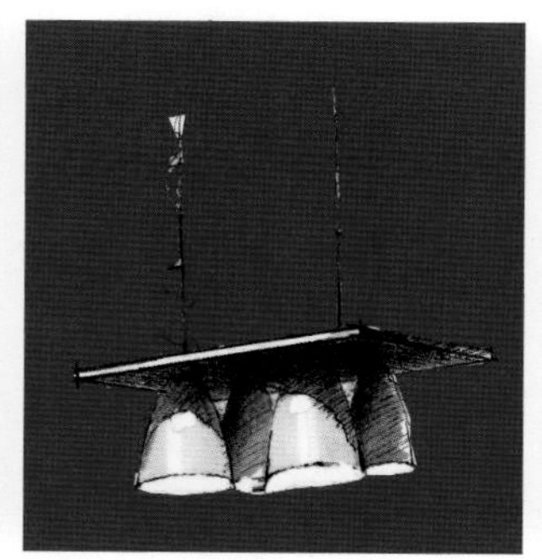
图2-88

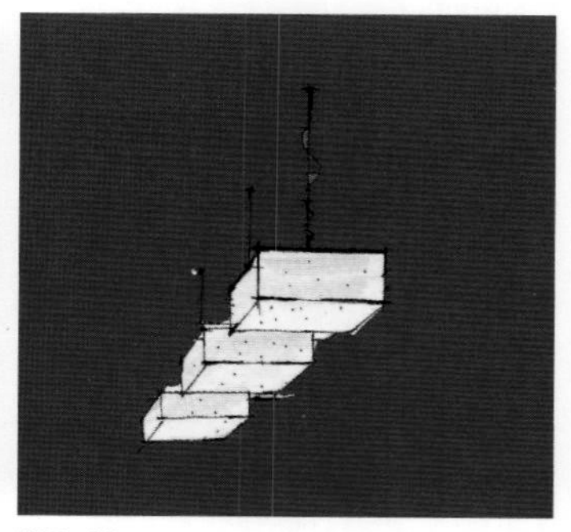
图2-89

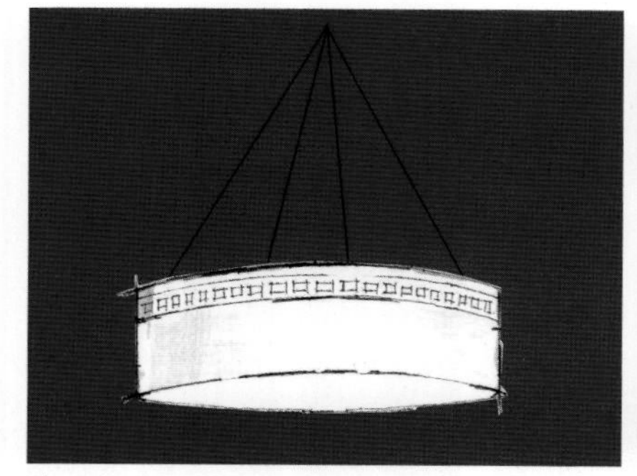
图2-90

图2-91

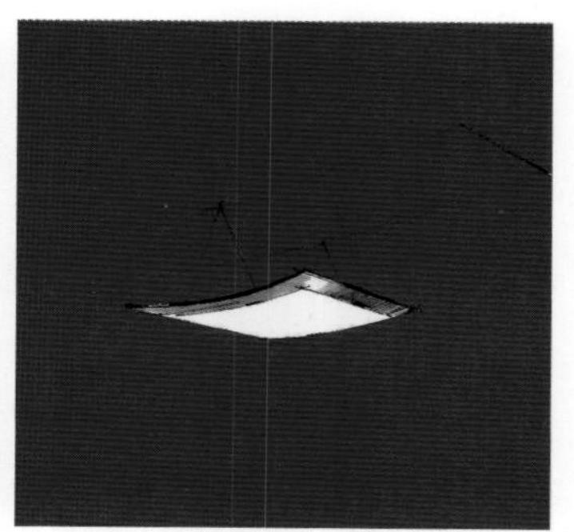
图2-92

（2）家具

重点是成角透视与平行透视知识的把握与应用，另外须注意分清黑、白、灰三大面和局部投影（图2-93至图2-99）。

图2-93

图2-94

图2–95

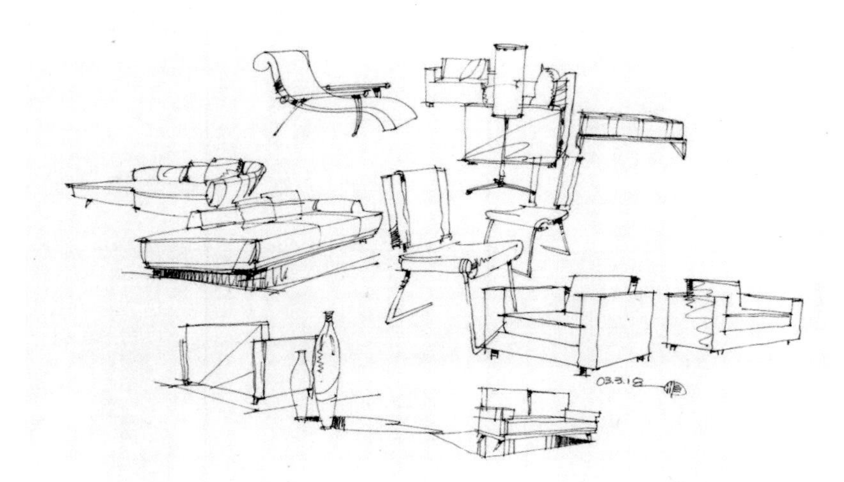

图2–96

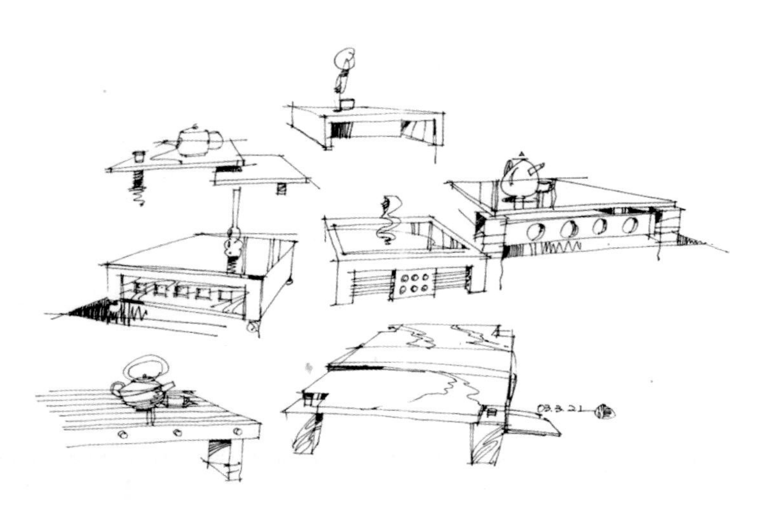

图2–97

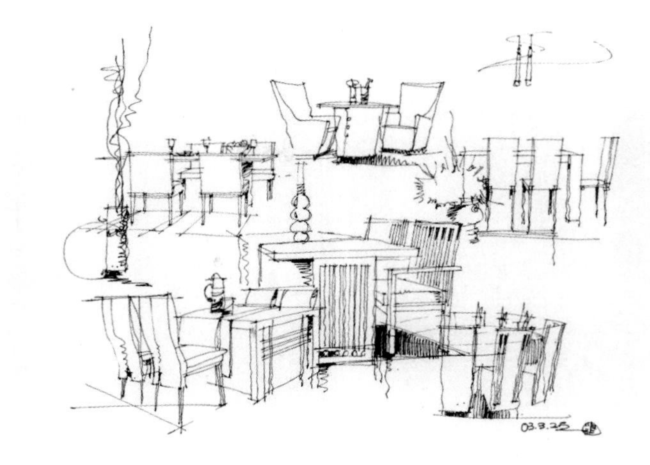

图2-98

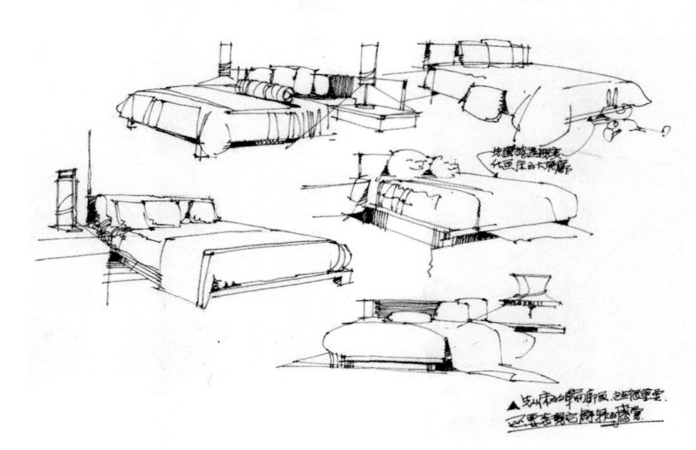

图2-99

（3）家电

家电虽然小，但是对透视准确性要求极高，只要透视不准，便会影响整体效果（图2-100至图2-118）。

图2-100

图2-101

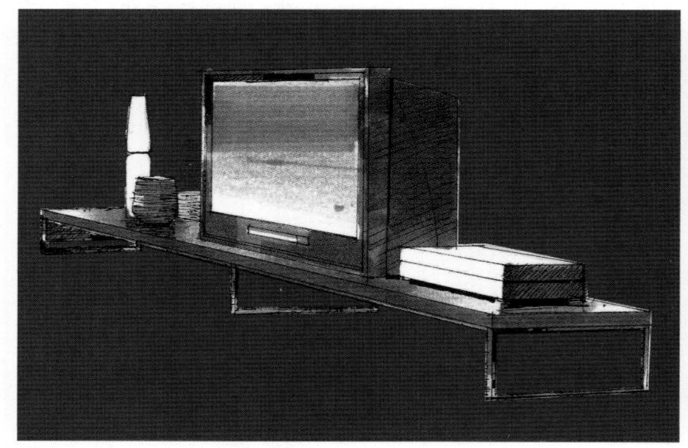
图2-102

图2-103

图2-104

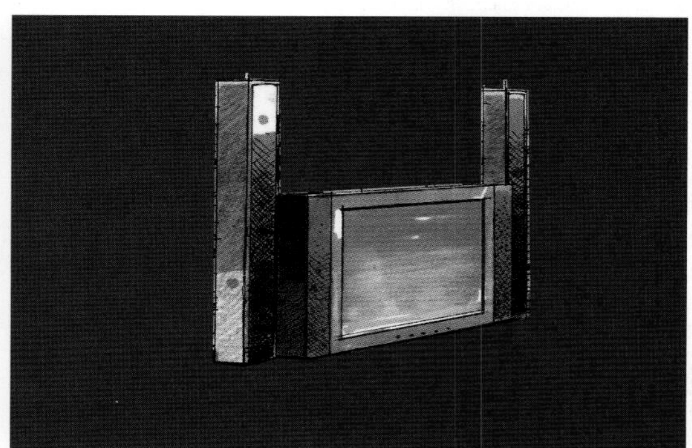
图2-105

图2-106

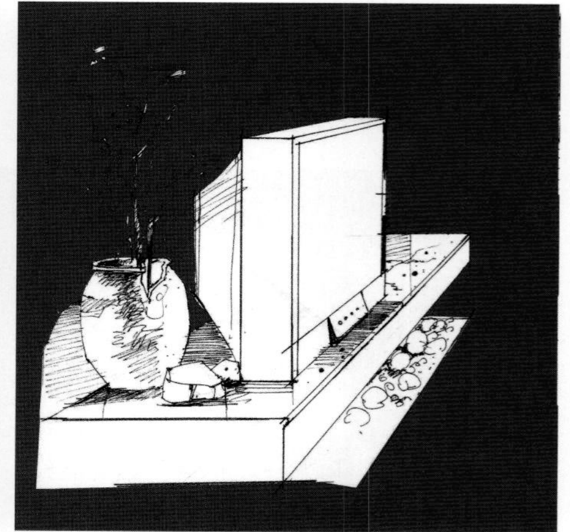
图2-107

图2-108

图2-109

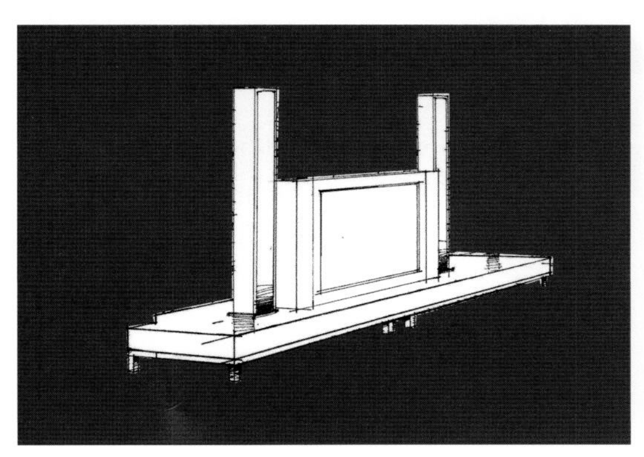

图2-110

图2-111

图2-112

图2-113

图2-114

图2-115

图2-116

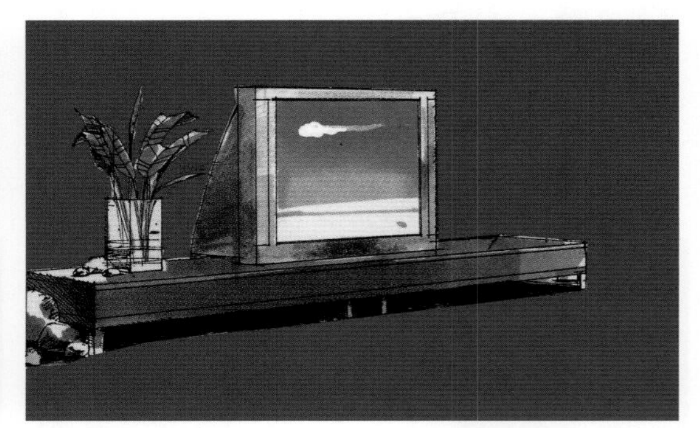
图2-117

图2-118

（4）陈设

多用于烘托气氛，渲染格调，提升品位，具有装饰效果，所以必须出彩、精心雕刻（图2-119至图2-122）。

图2-119

图2-120

图2-121

图2-122

（5）绿化

绿化是衬托，是点缀，一定要把握好度，不要“喧宾夺主”；另要求有光感、立体感、质感（图2-123至图2-130）。

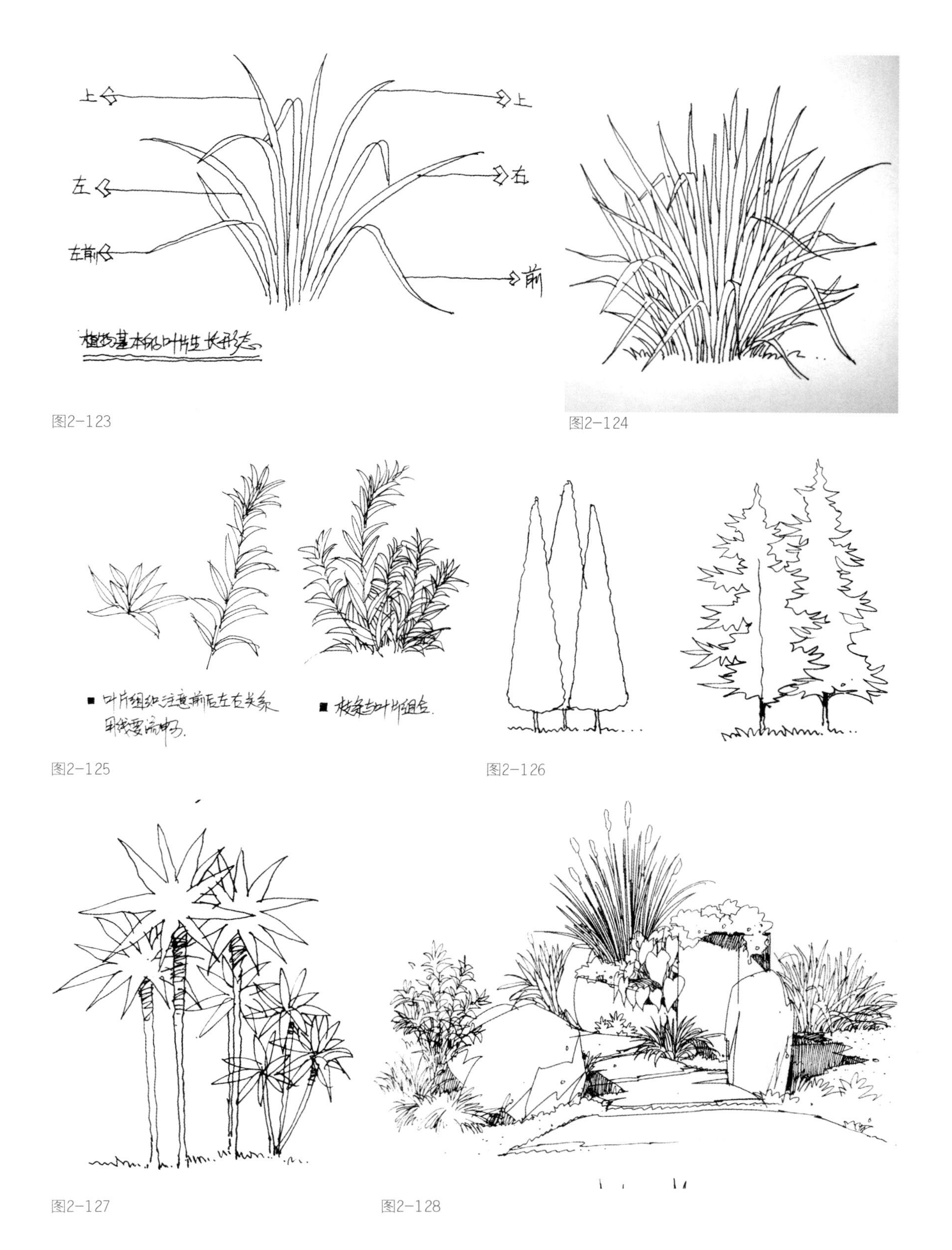

图2-123

图2-124

图2-125

图2-126

图2-127

图2-128

图2-129　　图2-130

（6）人物

画人物时，主要是把握好人体比例：以一个人的头长为单位，通常讲究“立七坐五盘三半”；同样要有“黑白灰”三大面的区分（图2-131至图2-133）。

图2-131

图2-132

图2-133

2.1.4 空间形态练习

对二维线型的绘制有了一定的了解、把握之后，就要进入立体造型与基础空间形态的学习领域；在学习透视原理之前，以此来理解造型与空间构成的关系，训练对立体形态进行构思的能力，建立立体形象思维框架。

（1）体块排列组合表现训练

①队列表现训练，培养尺度把握能力，每个方块都做到一样大小，并且间距一致（图2-134）。

②阵列表现训练，培养立体空间驾驭能力，不仅仅是简单的透视把握，更是在队列表现训练中形成准确把握尺度的基础上，进一步对三维空间的把握与推演（图2-135）。

（2）体块对位插接构思与表现训练

形成对复杂形体的几何立体思维，对穿插体形成良好的认识与构思。此训练可以极大地增强线条的灵活表现力（图2-136至图2-137）。

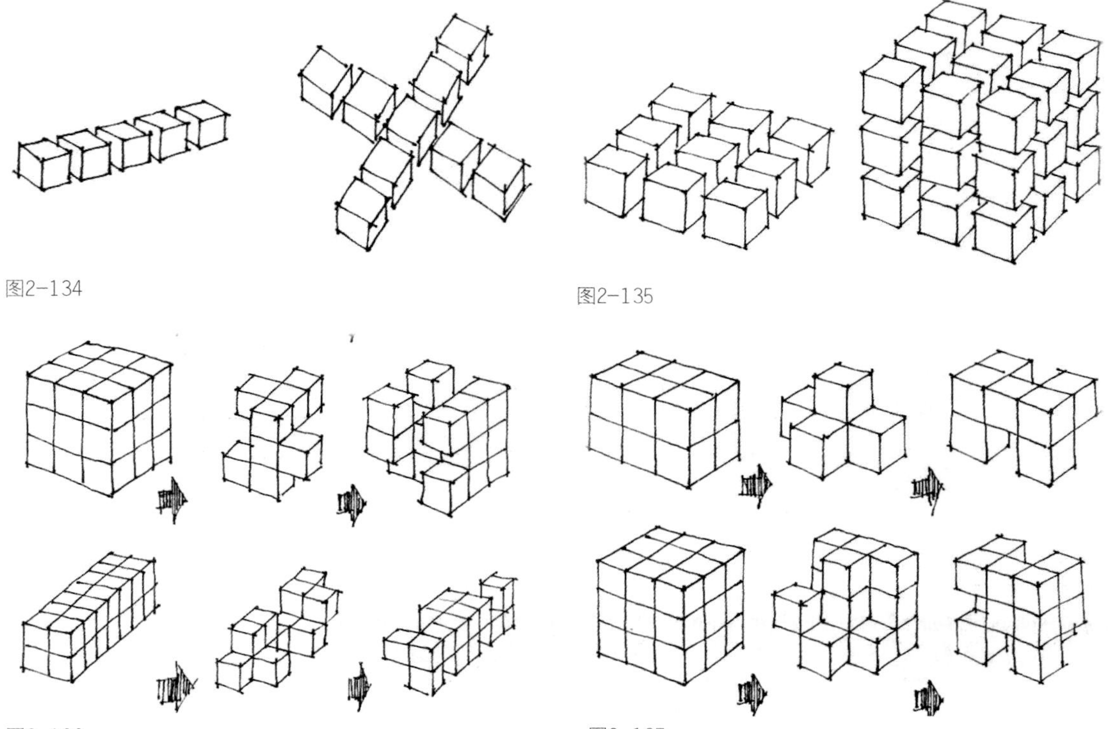

图2-134

图2-135

图2-136

图2-137

（3）体面关系表现训练（造型穿插训练）

此训练意在对同一朝向，但是形又有所不同、位置也有所不同的块面的参考表现能力（图2-138）。

（4）体面动态关系训练（图2-139至图2-141）

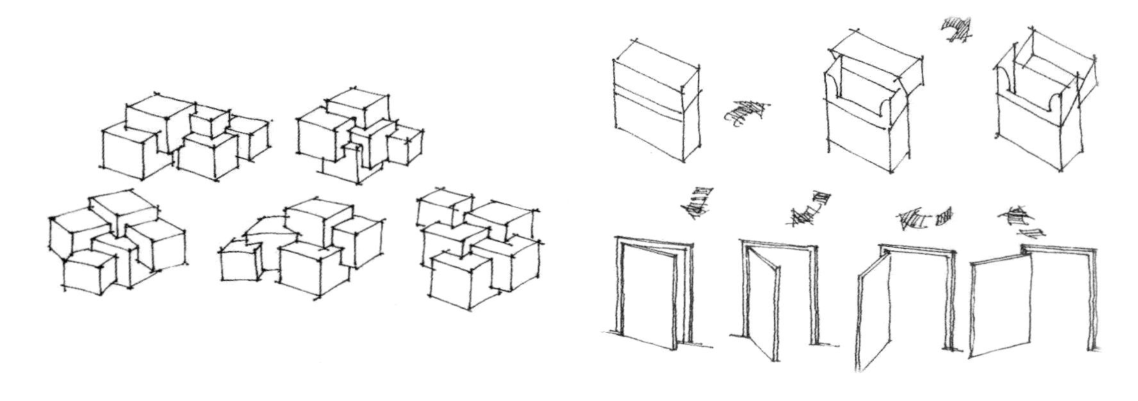

图2-138

图2-139

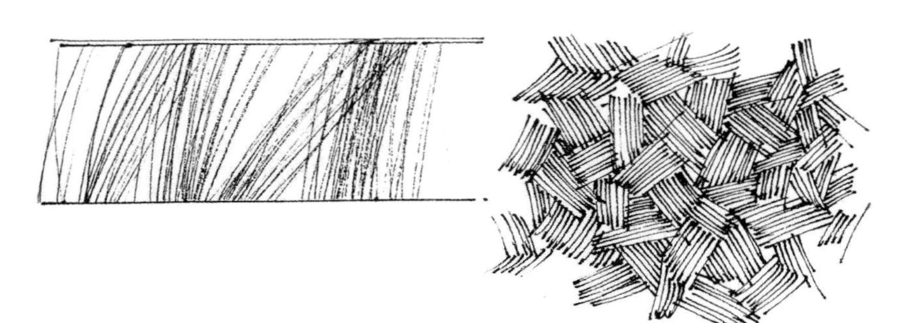

图2-140

图2-141

2.2 环境设计手绘效果图透视表现技法

2.2.1 透视的基本知识

透视效果图是一种将三度空间的形体转换成具有立体感的二度空间画面的绘画技法，它能将设计师预想的方案比较真实地再现。透视是通过一层透明的平面去研究后面物体形状的视觉科学。

透视效果图的技法源于画法几何的透视制图法则和美术绘画基础。

现在，透视广泛运用于建筑设计、室内设计、城市规划、土木工程、工业造型、展示设计、电脑动画、影像、电脑软件资讯图解、绘画等众多学科领域。

（1）透视基本术语（图2-142至图2-144）

视点：人眼所在的地方。标志为S。

视平线：与人眼等高的一条水平线。标志为HL。

视线：视点与物体任何部位之间的假想连线。

视角：视点与任意两条视线之间的夹角。

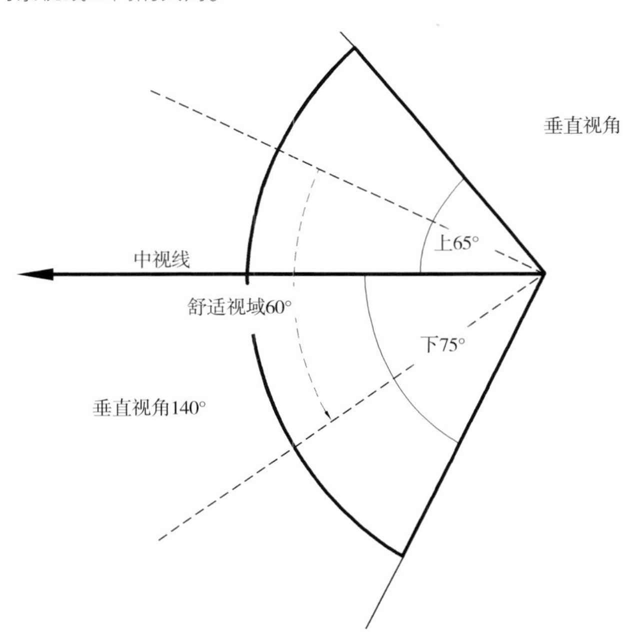

图2-142

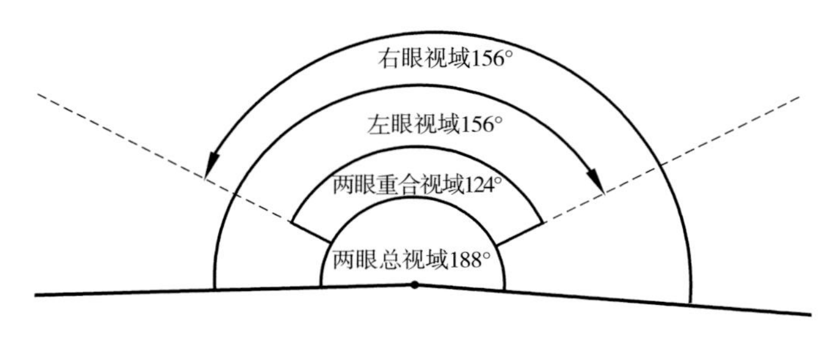

图2-143

视域：眼睛所能看到的范围。
视锥：视点与无数条视线构成的圆锥体。
视距：视点到心点的距离。
视高：从视平线到基面的垂直距离。
站点：观者所站的点，又叫停点。标志为*G*。
心点：视中线与视平线垂直相交的点，又称主点。标志为*P*。
距点：将视距的长度反映在视平线上心点的左右两边所得的两个点。标志为*D*。
余点：在视平线上，除了心点和距点以外的其他点统称为余点。标志为*V*。
天点：视平线上方的消失点。标志为*T*。
地点：视平线下方的消失点。标志为*U*。
测点：用来测量成角物体透视深度的点。标志为*M*。
基线：画面与基面之间的交界线。标志为*GL*。
原线：与画面平行的线。在透视图中保持原来的方向不变，无消失。
变线：与画面不平行的线，在透视图中消失。
中视线：视锥的中心轴。
画面：画家或设计师用来表现物体的媒介面，一般垂直于地面，平行于观者。标志为*PP*。
基面：景物的放置面，一般指地面。标志为*GP*。

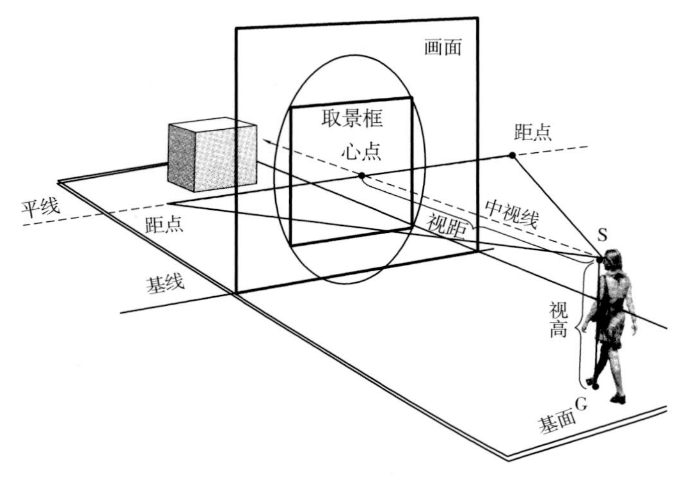

图2-144

（2）透视的构成要素

①人的眼睛。

②物体。

③画面。

（3）透视的基本规律

①近大远小。

②垂直大，平行小。等大的平面或等长的线段，与视线成垂直放置时比与视线成水平放置时稍大。这是由人眼的结构所决定的。

③近者清晰，远者模糊。

2.2.2 透视种类与表现训练

（1）一点透视

当立方体水平放置，有一对平面与画面平行时，我们把这样的透视叫平行透视，也称一点透视。首先，立方体必须有一对平面与画面平行；其次，必须有一对平面与基面平行，还有一对平面与画面、基面都垂直。与画面垂直、与地面平行的线都消失到心点。

一点透视的构图，使画面具有安定、平稳的特征，让人产生自然、平静之感。一点透视表现范围广，纵深感强，适合表现庄重、严肃的室内空间和设计，缺点是比较呆板，与真实效果有一定距离。

（2）两点透视

当立方体水平放置，无任何一对平面与画面平行，而是与画面成一定角度的时候，我们把这样的透视叫作成角透视，也叫两点透视。首先，立方体必须水平放置在基面上；其次，没有任何一对平面与画面垂直或平行，而是成一定的角度，这样便构成了成角状态。这种成角透视的状态又分成三种：微动状态（一个余点离心点很近，另一个余点离心点很远）；对等状态（两个余点与两距点重合）；一般状态（介于微动状态与对等状态之间）（图2-145至图2-147）。

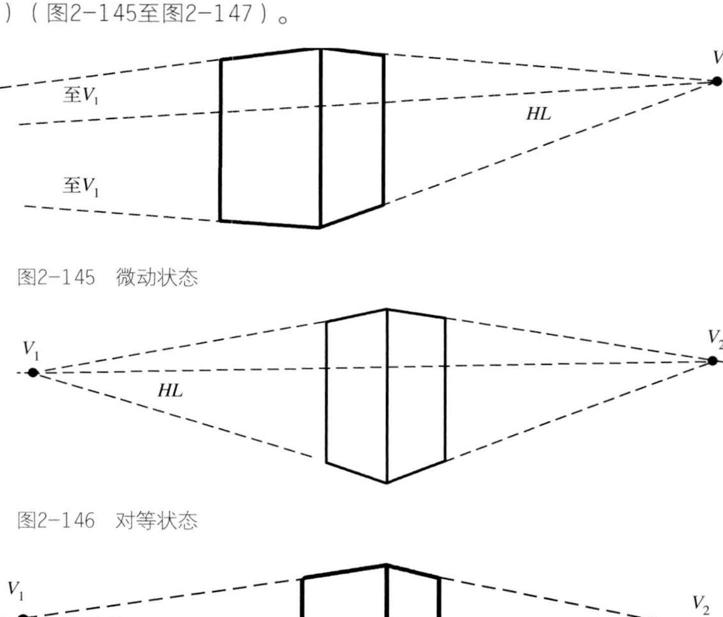

图2-145 微动状态

图2-146 对等状态

图2-147 一般状态

两点透视的构图，相对于一点透视而言，显得灵活而有动感，更符合我们平常的视觉习惯与视觉科学；缺点是角度选择不好，易产生变形。立方体的一点透视图中，三组棱边一组为垂直原线，一组为消失到左余点的余角变线，一组为消失到右余点的余角变线。

（3）轴测图

轴测图能够再现空间真实尺度，并可以在画板上直接度量，但不符合人眼看到的真实情况，感觉别扭，严格地讲不属于透视的范畴。

（4）俯视图

俯视图是一种将视点提高的画法，便于表现比较大的室内空间群体，可采用一点、两点、三点透视作图。当中视线向基面方向倾斜时，这种状态称为俯视。当中视线倾斜到与基面垂直时，称为正俯视。

在俯视中，位置高就离视点近，比例相对大，位置低就离视点远，比例相对小。垂直原线都不与画面平行，不与基面垂直，而且都有消失。

2.2.3 透视的选择与构图的关系

以一点透视为例：不同视高、视距、视角的室内透视效果就大不一样，所要表达的主次可以通过主观调节视高、消失点（灭点）来完成（图2-148）。在透视的选择上，应该根据不同的透视特点来选择。如一点透视给人庄重、严肃、平稳、宁静之感；两点透视则给人活泼、动感之觉，所要表现的气氛一定要和适当的透视相吻合才好。在构图上，完全可以调节视平线的高矮、灭点的左右来让构图给人或平和、或高大之感觉。通过灭点的调节来突出所想要重点表达的位置（左右墙的面积）；通过视平线的调节来突出或是压缩天花板与地面的面积。

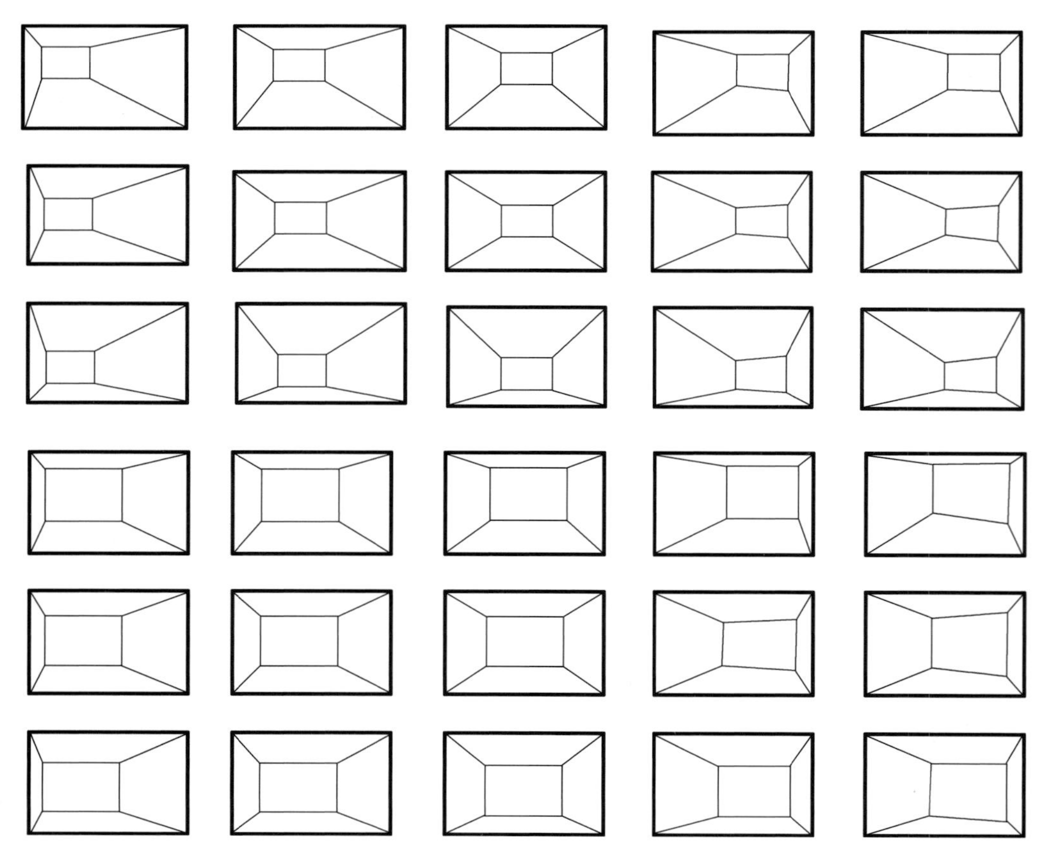

图2-148

2.2.4 透视训练

（1）平行透视的画法要领

正方体的画法步骤

立方体是由面构成的，面是由线构成的。只要通过一定的方法求出线的深度，就可以画出立方体的透视图。

①正方形*ABCD*的透视图（图2-149）

a.画出视平线*HL*，确定心点*P*和距点d_1。

b.画出正方形的*AB*边并且平行于视平线*HL*，连接*AP*、*BP*。

c.连接Bd_1，与*AP*相交于*D*点。

d.从*D*点作视平线*HL*的平行线，与*BP*相交于*C*点，得到正方形的透视图*ABCD*。

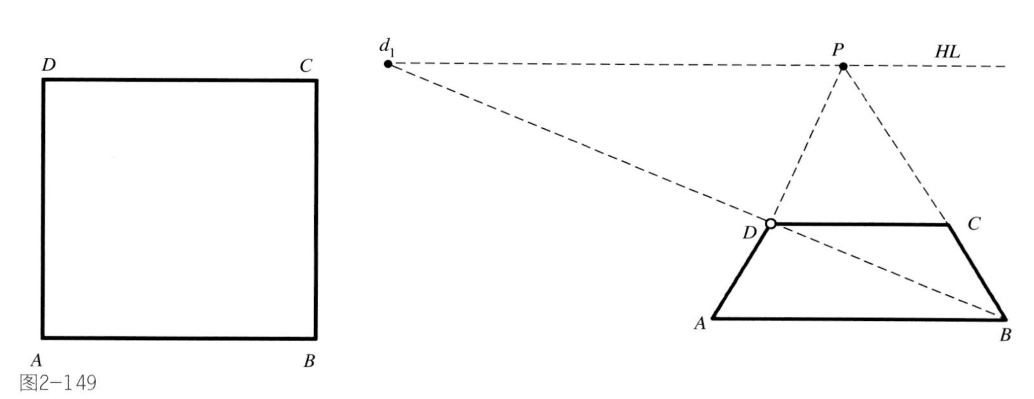

图2-149

②长方形*ABCD*的透视图（图2-150）

a.画出视平线*HL*，确定心点P和距点d_1、d_2。

b.画出长方形的*AB*边并平行于视平线*HL*，连接*AP*、*BP*，延长*AB*到*D'*，使*AD'*=平面图中*AD*的长度。

c.连接$D'd_1$与*AP*交于*D*，从*D*点作视平线*HL*的平行线，与*BP*交于*C*点。

d.擦去延长的辅助线，得到长方形的透视图*ABCD*。

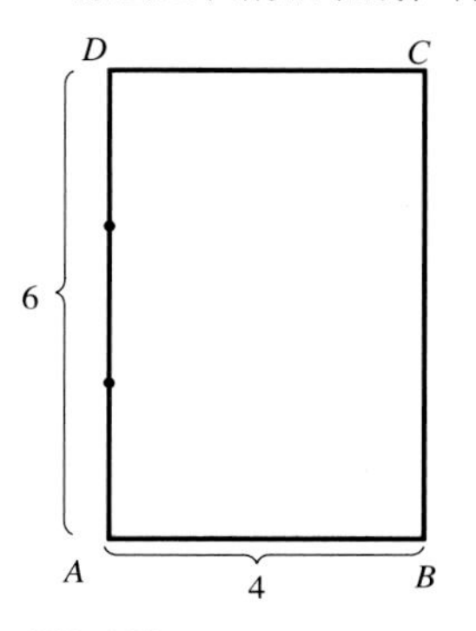

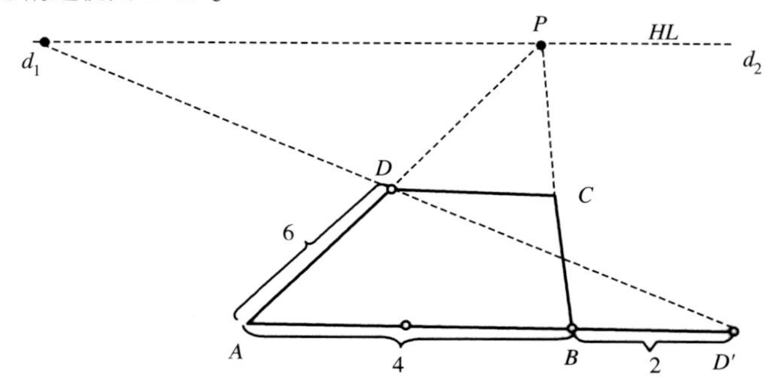

图2-150

③正方体的透视图（图2-151）

a.画出视平线*HL*，确定心点*P*和距点d_1、d_2。

b.用两根水平线和两根垂直原线画出正方体平行于画面的正方形*ABCD*。

c.连接*AP*、*CP*、*DP*。

d.连接Dd_1与*AP*交于*a*，从*a*点作视平线*HL*的平行线，与*DP*交于*d*点。

e.从d点作垂直线交于CP于c点，得到正方体的透视图。用同样的办法可以画出心点右边的正方体透视图，只是将Dd_1的连接线换成Dd_2。

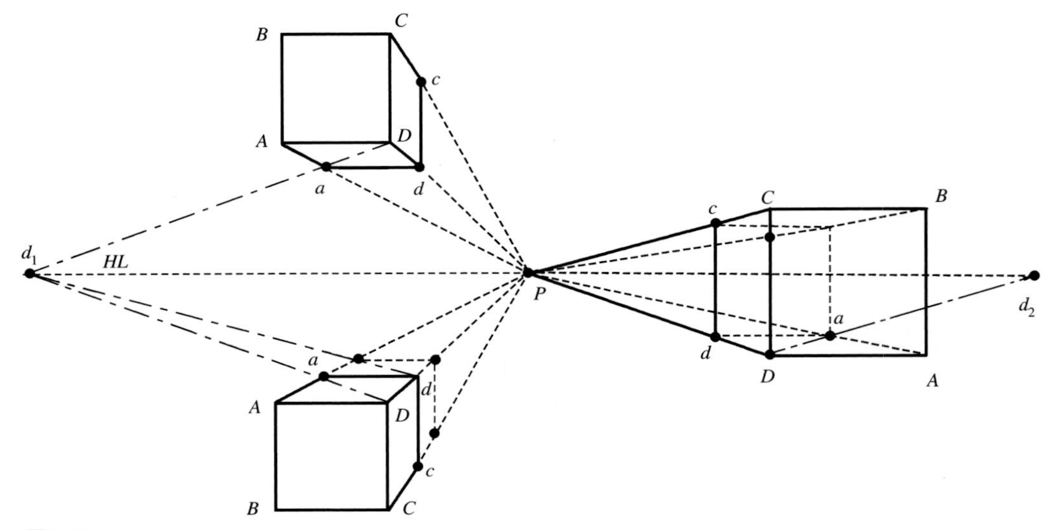

图2-151

长方体的画法步骤（图2-152）

画出高1.5米，宽0.6米，深0.5米，视高为1米的冰箱透视图。

a.画出视平线HL，确定心点P和距点d_1。

b.在视平线以下，基面上定一点B，那么B点到视平线的垂直距离代表视高1米，参照视高画出垂直原线BA为1.5米的线段。

c.参照视高从B点作0.6米的水平线段BC，并画出冰箱平行于画面的面$ABCD$。

d.连接BP、CP、DP，以B点为起点，在BC线找到0.5米的E点。

e.连接Ed_1与BP交于点1，从1点向右作水平线与CP交于点2，过点2作垂直线与DP交于点3，便得到冰箱的平行透视图。

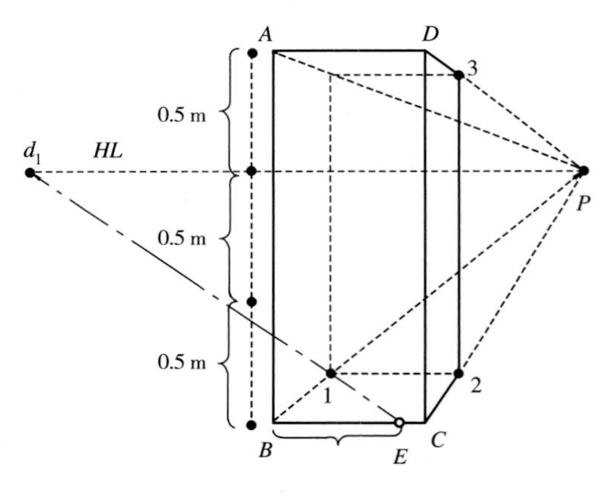

图2-152

家具的画法步骤（图2-153）

橱柜高800毫米、宽1 200毫米、深500毫米、底下裙角线高为1 00毫米，视平线高为1200毫米。

a.画出视平线HL，确定心点P和距点$d1$.

b.在基面上选一点B，作垂直辅助线到视平线即视高1 200毫米，选AB（800毫米）两等分即为橱柜高。

c.依比例画出橱柜平行于画面的$ABCD$，连接DP、AP、BP。

d.以B点为起点向左取长度500毫米的点E，连接Ed_1，与BP交于点F，过F点作垂直线与AP交于G点，过G点作水平线与DP交于H点。

e.再画出橱柜的细节部分。

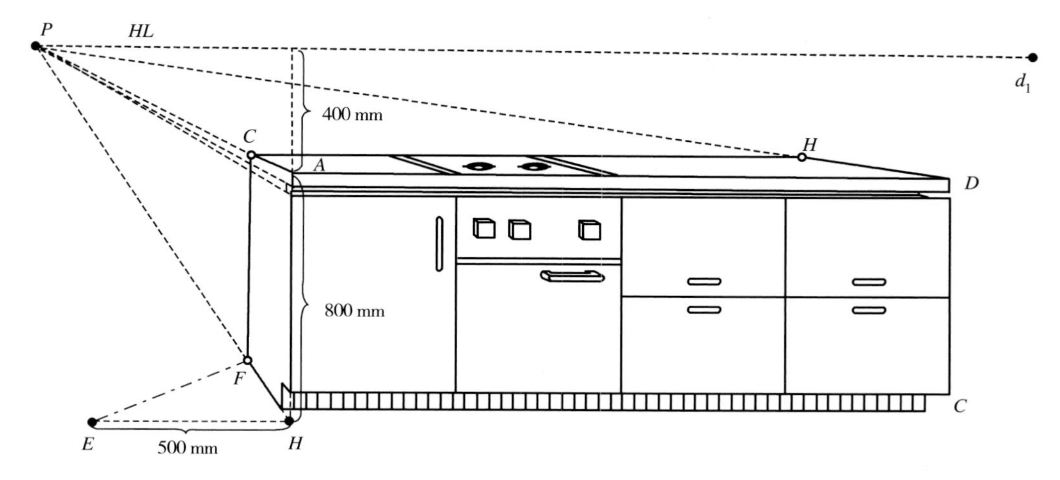

图2-153

室内空间的画法步骤

网格求深法（图2-154）。

a.画出视平线HL，确定心点P和距点d_1。

b.画出房间框架，并标上$ABCD$、$EFGH$。

c.在水平近边AD、BC上，垂直近边AB、CD上标出0.5米长的刻度点，画出各刻度点与P点的连接的直角变线，连接d_1F并延长，与地面上各个刻度点的直角变线相交，通过各交点作水平原线，与BF、CG有交点，再在各个交点上作垂直原线与AE、DH相交，再通过AE上的交点作水平原线，可将地面、墙面、顶面分成0.5米见方的方格。

d.画面中物体的位置，可以根据方格找出，高度可以在墙面上或通过墙面转换求得。

e.有些深度不在方格线上的可以通过对角线二等分、三等分分割法求得，有些宽度、高度不在方格线上的可以通过水平近边上求得。

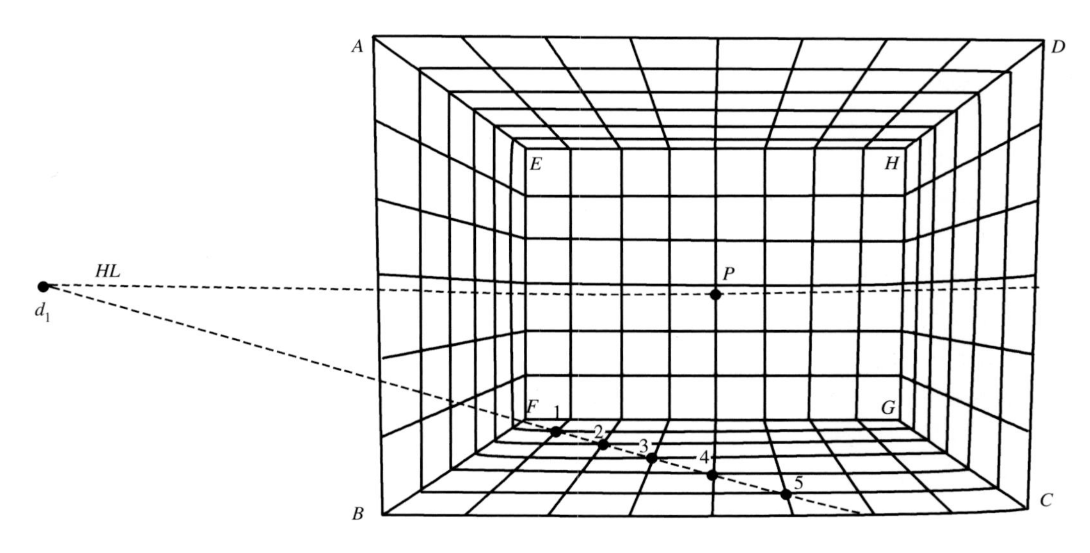

图2-154

综合求深法（图2-155）。

画室内平行透视图时，可以由内墙向外墙推。

a.画出视平线*HL*，确定心点*P*和距点d_1。依据视高画出最远的内墙*ABCD*。

b.连接*PA*、*PB*、*PC*、*PD*并延长。

c.延长*BA*线。在延长线上参照视高的长度标出1米、2米、3米、4米的刻度点。房间深4米，用距点与各个刻度点连接并延长，与*PB*的延长线相交，求出4米的点*E*，画出房间的矩形框架*EFGH*。

d.在*ABCD*各边上也按视高分出需要的刻度点，室内物品的宽度可以在*AB*边上求出；深度可以在*BA*点的延长线上求出；高度可以参照*AD*边求出。

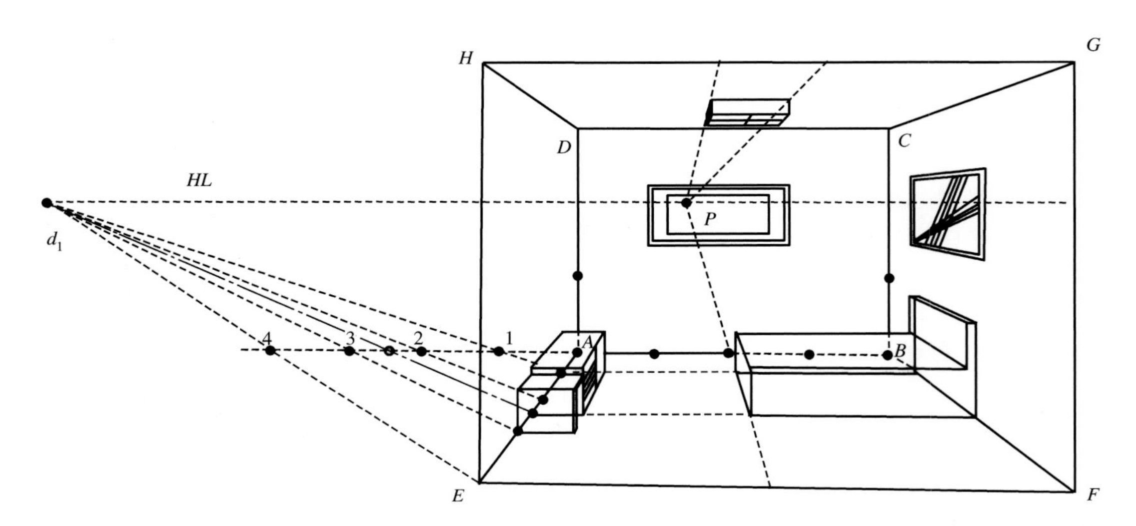

图2-155

室内群组物体的平行透视图（图2-156）。

画出高3.5米、宽4.5米、深5米，视高为2米的单人房间的室内透视图。

a.画出单人间框架，并标上*ABCD*、*EFGH*。

b.房间的门高为2米，宽为0.8米，离墙角的距离为0.2米。在*CB*边上，取*Ca*等于0.2米，*ab*等于0.8米。*a*、*b*两点分别与*P*点相连，与*FG*分别交于*a'b'*，*a'b'*等于0.8米。分别从*a'*、*b'*点向上作垂直原线到视平线（视高为2米），可以得到门的高度。

c.直接在左边远角地面方格中取得一个宽度为2.5米、深度为2米的洗手间位置，再作垂直线上去画出洗手间。洗手间门高2米，宽为0.8米通过距点在*FB*上求得，再转换到右墙上。

d.用同样的办法画出长2.3米、深1.8米、高0.5米的床。床头柜高、宽、深均为0.5米。再画出床对面的柜子及电视机。

e.在墙上挂两幅画，注意画的大小。在房顶画上顶灯，床头柜上画上台灯。

f.房顶墙角画上石膏线，房底墙角画上踢脚线。

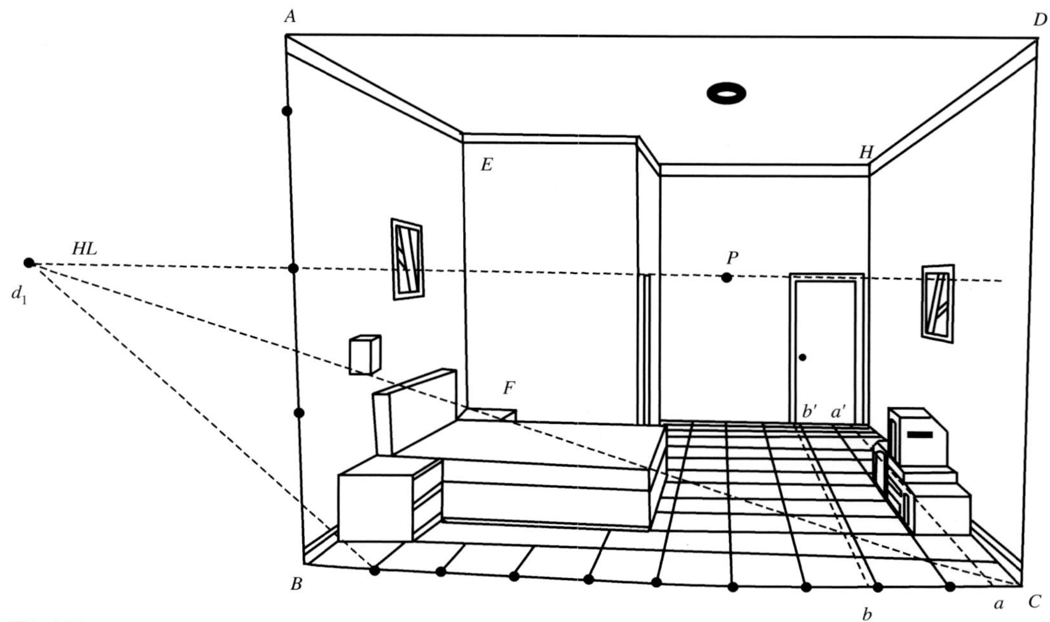

图2-156

（2）成角透视的画法要领

正方体的画法步骤

首先，学会测点求深法。在成角透视中，一般用测点来测量深度。消失到哪一个余点的余角变线上的深度，就要用哪一个余点的测点来测量。

其次，学会如何定测点（图2-157）。

a.先画出视平线HL，定出心点P、视点S和距点d_1。

b.用视点90° 法定左余点V_1和右余点V_2。

c.以余点V_1为圆心，V_1S的长度为半径向V_2方向画圆，与视平线相交，得到测点2点M_2。

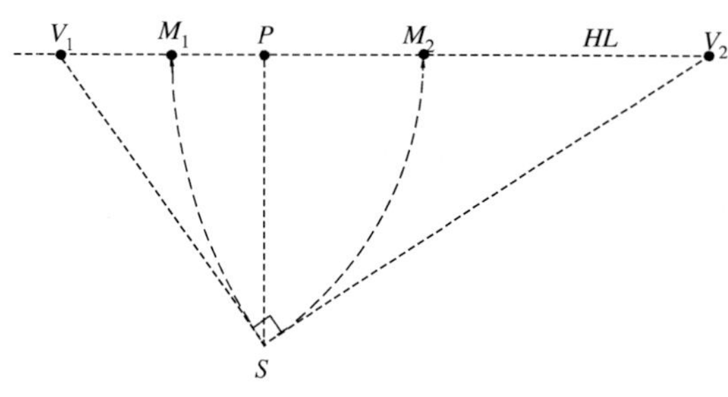

图2-157

方法二（图2-158）。

a.先画出视平线HL，在视平线上任意定左余点V_1和右余点V_2。

b.取V_1V_2的中点A，以点A为圆心，AV_1的长度为半径画半圆。

c.在$V1V_2$之间定心点P，作垂线与圆弧交于点S，S点便是视点（因为直径所对的圆周角一定是90°）。

d.以点V_1为圆心，V_1S的长度为半径向V_2方向画圆，与视平线相交，得到测1点M_1；以点V_2为圆心、V_2S的长度为半径向V_1方向画圆，与视平线相交，得到测2点M_2。

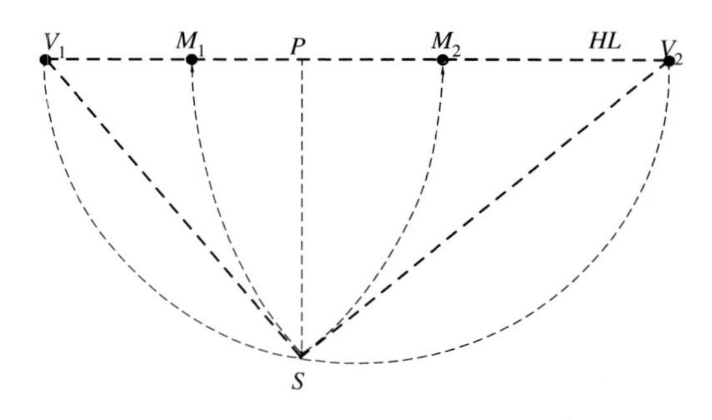

图2-158

再次，怎样测深度（方法同正方形平面$ABCD$的透视图）（图2-159）。

a.如上图先定出视点S、心点P，左余点V_1、右余点V_2，求出测点M_1、M_2。

b.在视平线以下任意定一点A，连接AV_1、AV_2。

c.过点A作水平辅助线，取$AB'=AD'$。连接$B'M_2$、$D'M_1$，分别与AV_2、AV_1相交于点B和点D。测得AB'与AB、AD'与AD'在透视图中等长。

d.连接BV_1、DV_2相交于C点，便得到正方形$ABCD$的成角透视图。

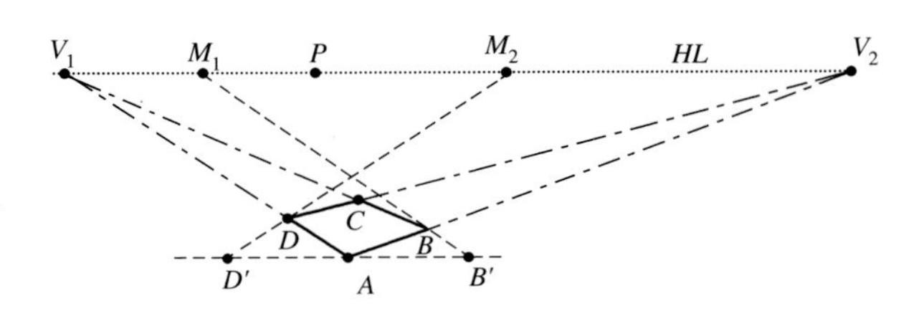

图2-159

最后，如何绘制正方体透视图（图2-179）。

a.如图先定出左余点V_1、右余点V_2，求出测点M_1、M_2。

b.作一条垂直原线AB，连接AV_1、AV_2、BV_1、BV_2。

c.过点A作水平辅助线，在辅助线上取$Aa=AB$、$Ab=AB$。

d.连接M_1a、M_2b与$AV1$、AV_2交于a'、b'。分别过a'、b'作垂直原线与BV_1、BV_2相交于点C和点D，连接CV_2、$DV1$便得到正方体的成角透视图。

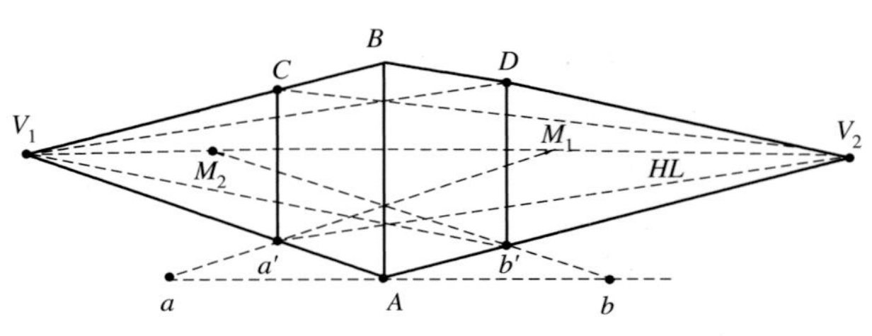

图2-160

长方体的画法步骤（图2-161）

以电话亭为例：高2米，视高1.2米，左边宽0.75米，右边宽1米。

a.先如图定出视点S、心点P，左余点V_1、右余点V_2，求出测点M_1、M_2。

b.依视高画出AB边代表2米，连接AV_1、AV_2、BV_1、BV_2。

c.过点A作水平辅助线，在辅助线上取Aa=0.75米，Ab=1米。

d.连接M_1a、M_2b与$AV1$、AV_2交于a'、b'。分别过a'、b'作垂直原线与$BV1$、$BV2$相交于点C和点D，便得到长方体的成角透视图。

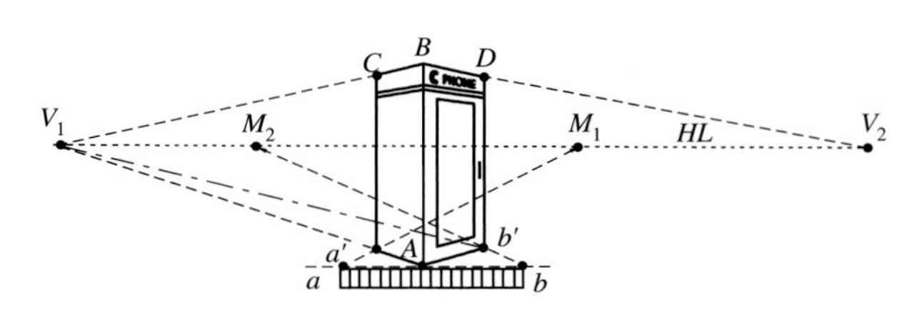

图2-161

小型建筑的画法步骤（图2-162）

以亭子为例。

a.先定出左余点V_1、右余点V_2，求出测点M_1、M_2。

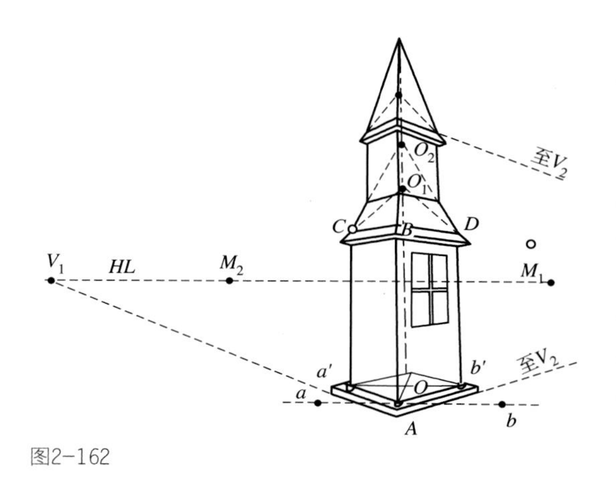

图2-162

b.定视高1.2米画出AB边代表1.8米，连接AV_1、AV_2、BV_1、BV_2。

c.过点A作水平辅助线，在辅助线上取Aa=0.8米，Ab=1米。连接M_1a、M_2b与$AV1$、AV_2交于a'、b'。分别过a'、b'作垂直原线与$BV1$、BV_2相交于点C和点D，便得到长方体的成角透视图。

d.连接底面的对角线得交点O，过点O向上作垂直线。在垂直线上取点O_1，连接O_1AB、O_1C、O_1D。在垂直线上取点O_2，连接O_1AB、O_1C、O_1D并延长画出伸出的屋檐部分。

e.用同样的方法画出上部的尖顶。

室内空间的画法步骤（图2-163、图2-164）

a.先定出视点S，心点P，左余点V_1、右余点V_2，求出测点M_1、M_2。

b.假定视高为1.5米，房高3米，在两测点之间画最远的墙角线AB。画AV_1、BV_1、AV_2、BV_2的延长线。

c.过A点作水平辅助线，依视高标出辅助线上每0.5米的刻度0.5、1、1.5、2、2.5。

d.求V_1A、V_1B线上的深度，用测点M_1连接各个刻度点并延长与AV_1的延长线相交，便得到消失到V_1点的余角线上的各个深度点。求AV_2、BV_2的延长线上的深度，用测点M_2连接各个刻度点并延长与AV_2的延长线相交，便得到消失到$V2$点的余角线上的各个深度点。

e.连接V_1点和下墙角线上的各个0.5米的刻度点，在地面上为实线。再连接V_2点和下墙角线上的各个0.5米的刻度点，在地面上为实线。分出地板上的方格。

f.凡高度，都通过垂直远边AB（远墙角线）上求得；凡深度，都通过两个测点求得。

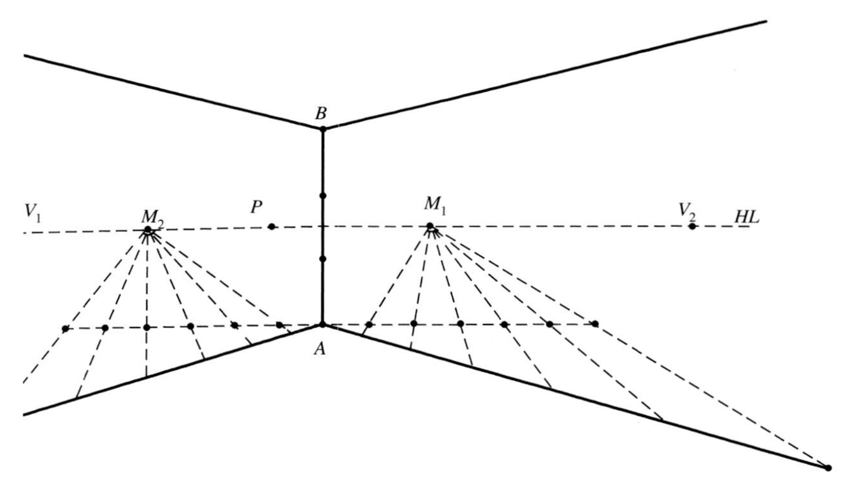

图2-163

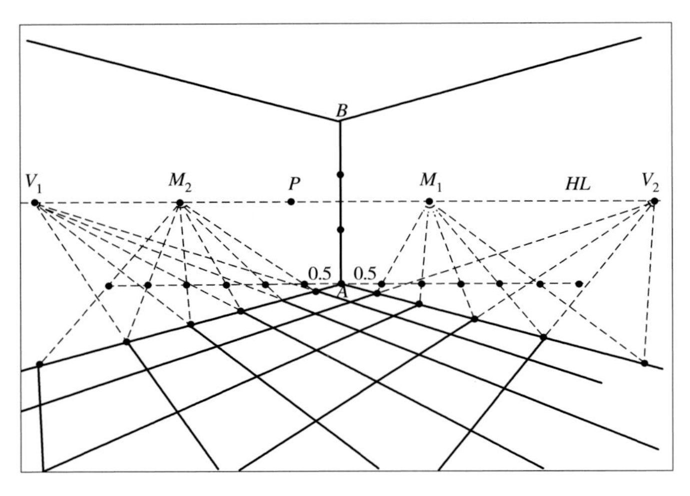

图2-164

室内复式楼的画法与单层的画法一样，只不过要将远墙角线（垂直远边）分出两层的高度。

（3）立体透视效果图欣赏与临摹

图2-165

图2-166

图2-167

图2-168

图2-169

图2-170

图2-171

图2-172

图2-173

图2-174

图2-175

图2-176

图2-177

图2-178

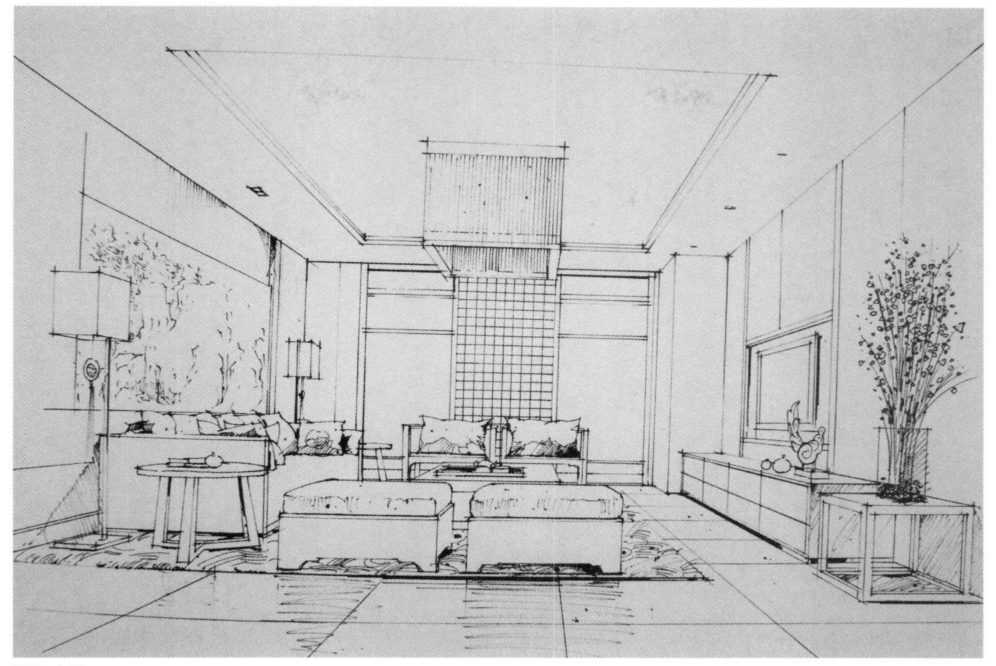
图2–179

图2–180

图2-181

图2-182

2.3 环境设计手绘效果图上色表现技法

2.3.1 手绘工具介绍

“工欲善其事，必先利其器”，在手绘效果图的过程中工具的选择和准备亦是如此。虽然好的创意很重要，但好的工具在设计表现绘制中作用明显。常用的工具有铅笔、橡皮、彩色铅笔、圭笔、狼毫排笔、尼龙排笔、水彩颜料、水粉颜料、马克笔、靠尺等（图2-183、图2-184）。

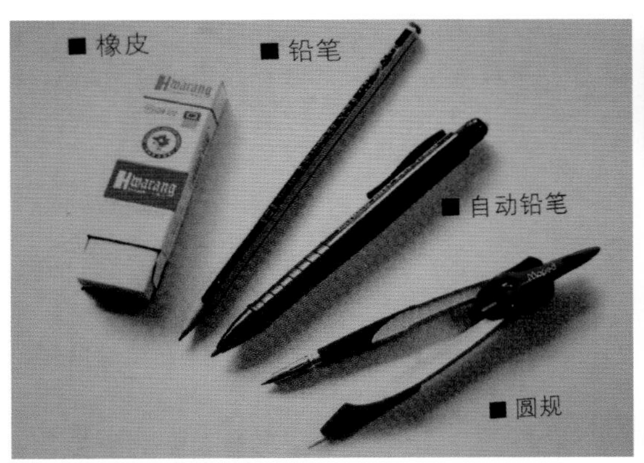

图2-183

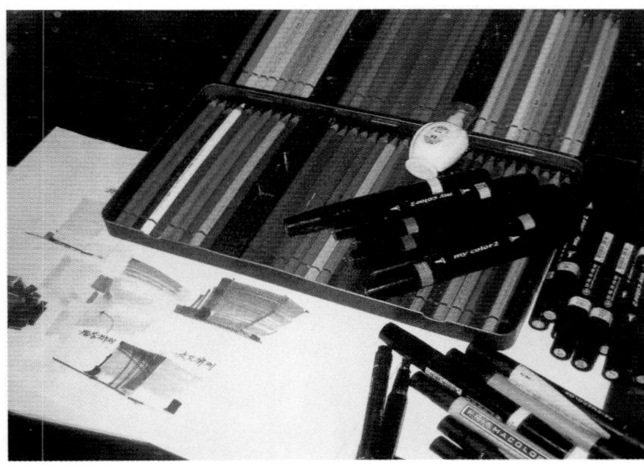

图2-184

（1）铅笔

铅笔是最普通的绘画工具。绘画铅笔粗细变化细腻，容易修改。按照其内部笔芯由软到硬，分为6H到6B等型号。铅笔在设计中一般用来起稿，以HB—2B最佳。

（2）橡皮

橡皮用来擦去修改的铅笔线和纸面上的污迹。一般选用软质的，以不擦伤纸面为宜。

（3）针管笔

针管笔多指人们常见的日本产“樱花”“三菱”针管笔。这些专业绘图笔一般多用专业墨水，墨水的化学溶剂结构很稳定，与纸结合牢固，并且可以很好地控制颜料，很适合定稿勾线或者作特殊底稿处理（图2-185）。

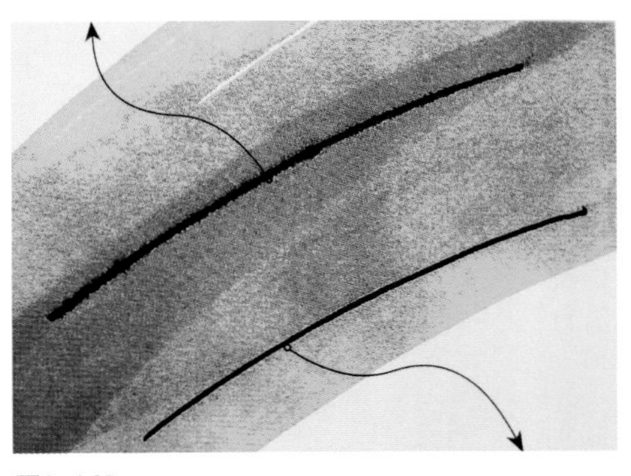

图2-185

（4）尼龙排笔

尼龙排笔由尼龙丝制成，笔锋平整锐利，笔触整洁，着色变化均匀。如果使用熟练，做出的笔触效果与马克笔无异，且对纸张要求甚低，不会像马克笔那样渗色。

（5）圭笔

圭笔实际就是小毛笔，有大、中、小三种规格，毛质分羊毫、狼毫、尼龙三种。羊毫柔软，狼毫硬朗，这两种毛质吸水量都较大。尼龙笔弹性最好，但吸水性较差，用来画细线和刻画细节效果特别突出。圭笔通常辅助靠尺进行细节部分刻画。

图2-186

（6）狼毫排笔

狼毫排笔的毛比尼龙排笔的要稍厚一些，在手绘中主要是用来铺底色（图2-186）。画大张手绘时，至少要准备大中小号4支，具体是2号、6号、10号和12号。铺底色的笔要求笔毛比较短，毛稍厚一些，弹性比较弱的水粉笔。笔毛短，是为了填充颜料时提高准确度，方便控制涂刷范围；毛厚是为了增加笔的吸水性，方便吸附更多的颜料，以减少涂刷颜料过程时的耗损；弹性弱是为了涂色更平整和控制更简单。选择不同宽窄的笔用来涂刷不同面积大小的图案内容，细小的地方选用最小号笔，大面积的用最大号的笔。

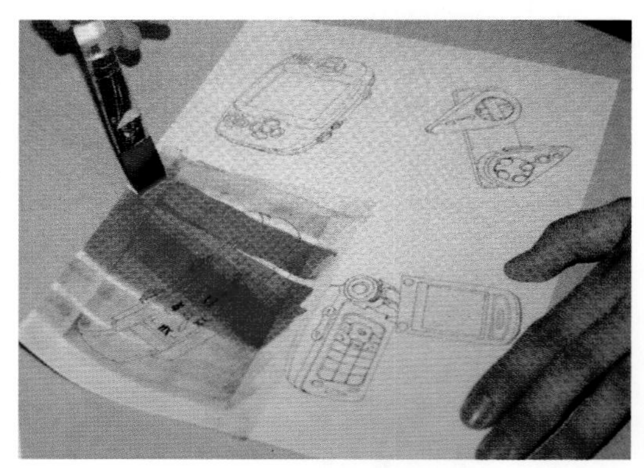

图2-187

（7）遮挡带

遮挡带不同于普通的透明胶带，它的黏性较弱。用它来遮挡画面四周可以使画面周边不能着色，从而产生清晰的笔触，并以其保留的白边来协调画面的整体效果（图2-187）。

（8）水粉颜料

水粉颜料一向以稳定、覆盖力强而著称，加入适当的水分可以形成半透明的色彩效果。

（9）水彩颜料

水彩颜料溶于水且透明，色彩艳丽（图2-188）。配合马克笔使用时主要用来大面积铺底色，比如天空、地面、楼宇，也可以渲染场景的整体气氛，然后用马克笔快速勾画细部。

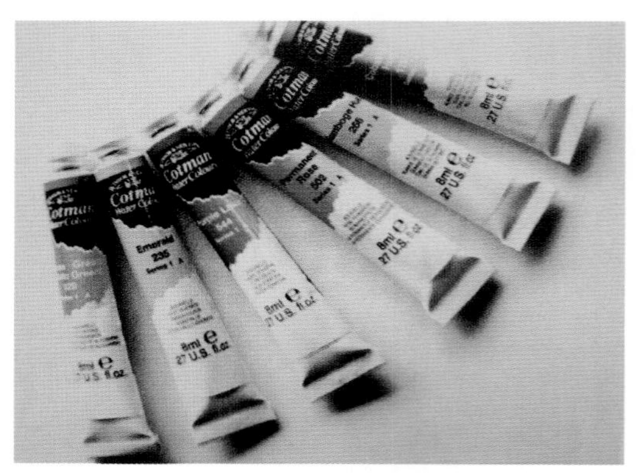

图2-188

（10）彩色铅笔

彩色铅笔色彩丰富且容易掌握，很受初学者欢迎（图2-189）。彩铅可以作为初稿或初步深入阶段的一种手段来实现初步表现与塑造，也可以在深入刻画阶段用于展示某种细节与质感，还能直接作为一种表现技法。

彩铅有水溶性彩铅与油性彩铅之分，使用方法与铅笔相同。可以用彩铅线条的疏密、粗细、重复、叠

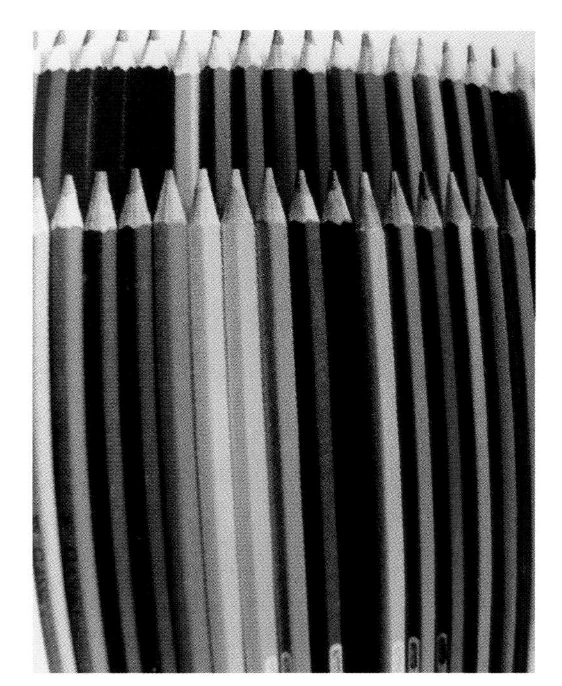
图2-189

加来反复塑造物体与环境，直到满意为止。油性彩铅一般难于去掉，如需要去掉必须要用橡皮反复擦拭。有时余留的笔痕所形成的色调也会很有意思，可以为形成某种特殊画法打下基础。

水溶性彩铅在表现物象与环境时，加适当的水分或用毛笔适当渲染可以产生意想不到的退晕效果。它可以形成由深至浅或由浅至深的色调，也可以反复渲染多次，特别是在不易把握或者把握不大的前提下，运用这种方法慢慢地、一层层地渲染，效果极佳。在效果图技法运用过程中，可以作为初学者的入门工具或入门技法，尤其配合马克笔技法会很好地发挥作用。

（11）马克笔

马克笔使用范围最广、使用人数众多（图2-190）。它便于携带，速度快，易表现丰富层次，质感强，色彩表现丰富。在对设计方案进行表现时，大都以马克笔草图或效果图展开。

但马克笔的缺点是在细部的精密表现与退晕表现等方面还略显不足。

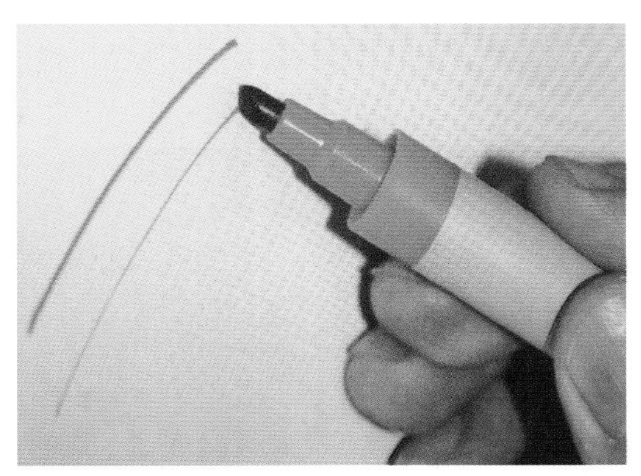
图2-190

马克笔按性质主要分为水性、油性和酒精性三种。从笔端的形状上来分，还可以分为单头、双头、特宽头等类型。除了一次性的，还有可注水性的马克笔。每支马克笔都有固定的色彩编号。

水性马克笔效果有点类似水彩。作画过程中水分蒸发后色彩会发生变化，笔触多次叠加颜色会变浊；在较薄的纸张上更难把握（图2-181）。

酒精性马克笔具有较为强烈的气味，色彩鲜艳，干得快（图2-192）。酒精性马克笔涂抹色块显得更加游刃有余，不会有太多的笔触与笔触之间的“交际痕迹”。如果颜色干枯，可先拔出笔头，再用注射器往里面注射适量的医用酒精来延

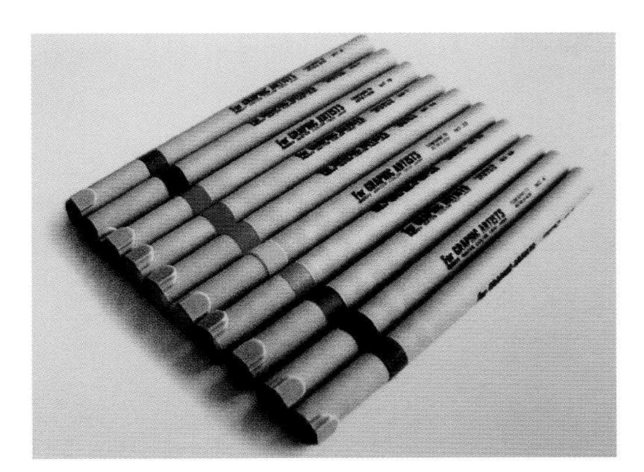
图2-191

图2-192

长使用时间。

油性马克笔的笔性较为柔和，透明度高，挥发性高，所以干得快（图2-193）。油性马克笔便于大场景的表现和光滑质感的刻画。但笔触单调且不便修改，对细节以及材料的质感表现难以深入。如果配合彩铅使用，取长补短，画面表现力将大大增强。油性笔颜色外渗性加上笔头较大，很难作细节处理，通常与水性马克笔结合使用效果不错：油性笔作大关系处理，水性笔作细部刻画。

图2-193

马克笔色彩相对比较稳定，但也不宜久放，作品最好及时扫描存盘。另外马克笔不可调色，所以建议选购时多多益善，特别是灰色系和复合色系。纯度很高的色彩多用于点缀画面效果，建议少买，可以用彩铅代替。

（12）靠尺

靠尺是环境艺术设计手绘效果图中不可缺少的辅助工具（图2-194）。靠尺上的凹槽可以让辅助笔在其中自由滑动，从而带动排笔在纸面上画出相应的笔痕。不论是初稿还是深入过程中的细微刻画，都非常有效。

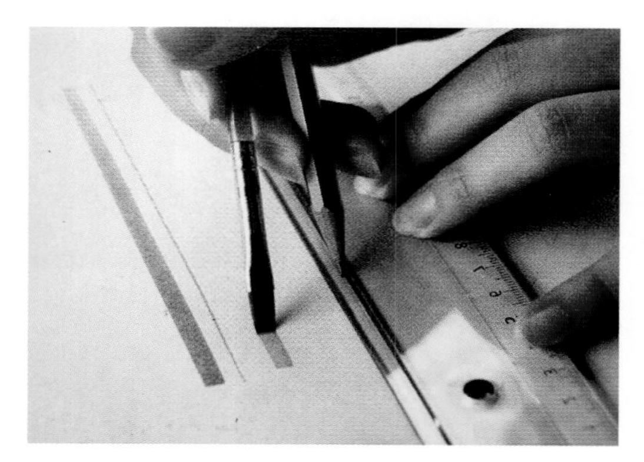

图2-194

用软笔画线很困难，但是如果借助靠尺，就能画出又直又挺的直线。使用靠尺时需要两支笔，像握筷子一样。一支作支撑用的铅笔，用尖端向下抵靠在靠尺的凹阶上；另一支为圭笔或排笔，笔锋向下，在纸上绘制着色直线。绘制时靠尺要与需要绘制的直线平行，但要保持一定的距离，再平行移动两支画笔，绘制着色均匀的直线。

（13）蛇尺

同曲线板所起的作用一样，蛇尺可以精心表现自由的曲线，并使曲线本身足够自由流畅（图2-195）。

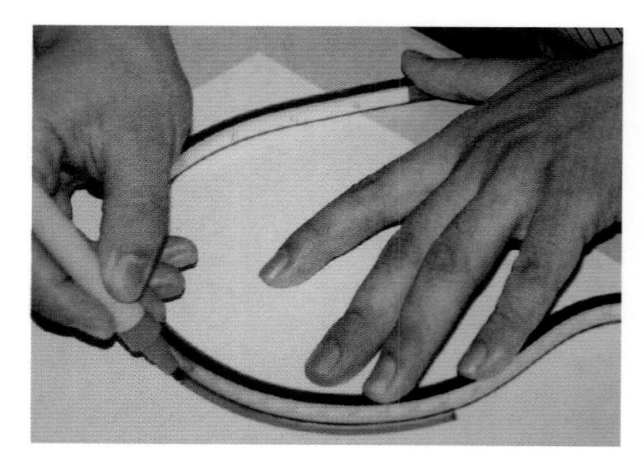

图2-195

（14）纸张

一般纸张即可，常用的有复印纸、新闻纸，目前也有多种带底色的纸张，可以酌情选用。

（15）涂改液

一般在完稿后点缀高光或强调形体边缘用，但即使能用得恰到好处也尽量少用。

2.3.2 彩铅表现技法

（1）彩色铅笔的使用方法

彩色铅笔在作画时，使用方法同普通素描铅笔一样，但彩色铅笔进行的是色彩的叠加。彩色铅笔使用简单，易于掌握。它的笔法从容、独特，可利用颜色叠加产生丰富的色彩变化，具有较强的艺术表现力和感染力。

彩色铅笔使用有三个注意事项。

①着色力度。一般情况下是先浅后深，先小后大，是力度逐渐加强的过程（图2-196）。

②搭配用色。应该深浅搭配、对比色搭配、冷暖搭配，讲究固有色、环境色、光源色的搭配（图2-197）。

③笔触统一。主要是方向上既要有变化又要有统一，但变化不要太过突然（图2-198）。

还可以学着在彩铅着色后用卫生纸、手指头、橡皮等擦拭出“润泽”的效果。

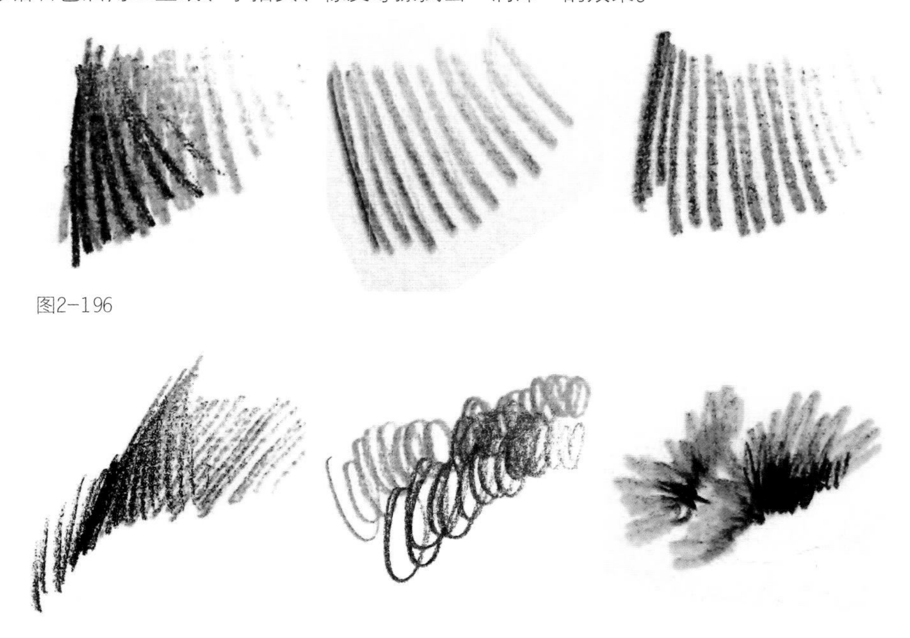

图2-196

图2-197

图2-198

（2）彩色铅笔的表现形式

彩色铅笔有两种表现形式，一种是在针管笔墨线稿的基础上，直接用彩色铅笔上色，着色的规律是由浅渐深，用笔要有轻、重、缓、急的变化；另一种是与以水为溶剂的颜料相结合，利用它的覆盖特性，在已渲染的底子上对所要表现的内容进行更加深入、细致的刻画。由于彩色铅笔运用简便，表现快捷，可作为色彩草图的首选工具。

彩铅表现技法用纸不受局限。如果选用描图纸可在纸的背面衬以窗纱、砂纸等材料，用来表现粗糙的质感。我们应该在实践过程中不断总结、归纳作图的经验和体会，学会灵活地运用，从而创作出更加精彩的效果图。

（3）彩色铅笔上色步骤解析

步骤一 选择合适的图片为参照，将其空间结构、物体景观、人物配景以线的方式交代清楚，注意对趣味中心的表现（图2-199）。

步骤二 确定画面的明暗层次，可以先从画面的主要部分着色（图2-200）。

步骤三 给周围绿色植物上淡色，确定物体的固有色（图2-201）。

步骤四 进一步确定物体的固有色后，将物体的暗部画出，加强画面的层次感（图2-202）。

步骤五 最后全面调整，将拉大画面的明暗关系，强调对主体的表达（图2-203）。

图2-199

图2-200

图2-201

图2–202

图2-203

（4）彩色铅笔效果图作品欣赏与临摹

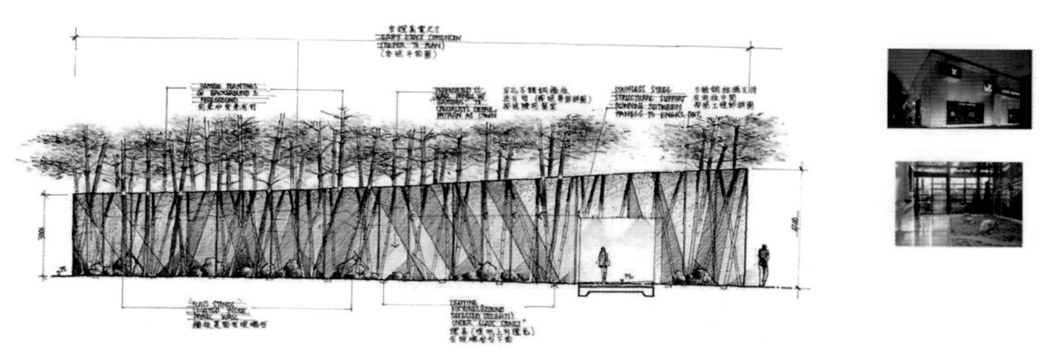

图2-204

图2-205

图2-206

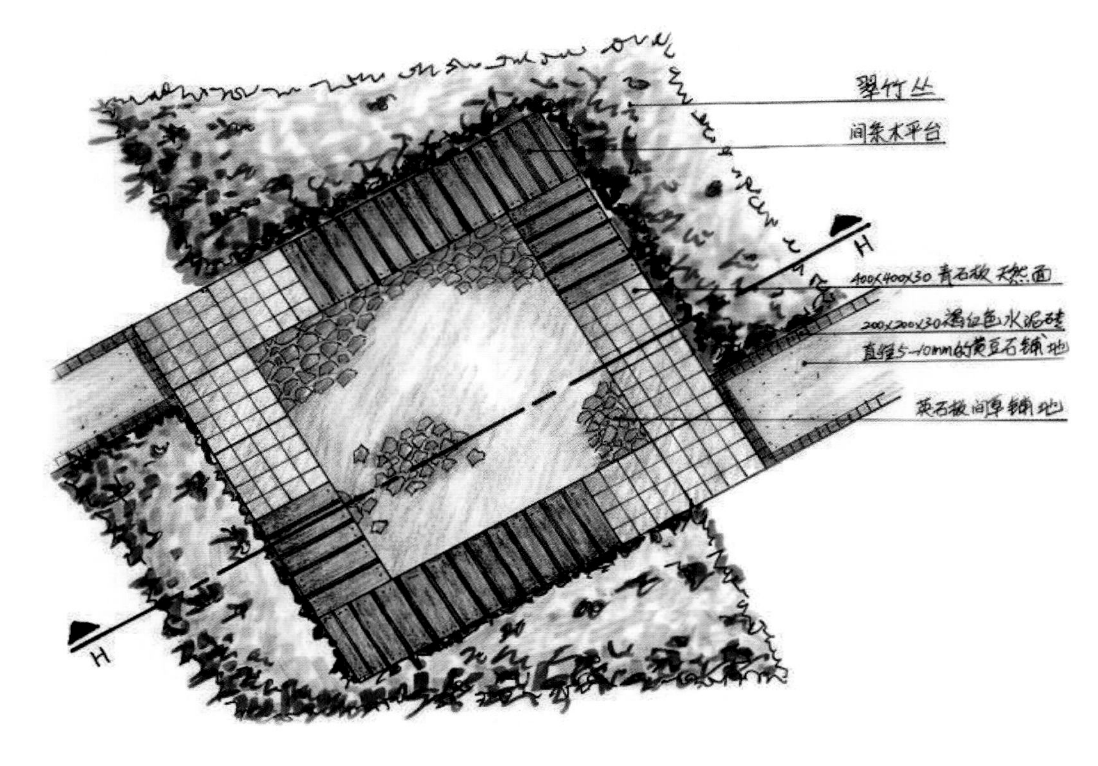
翠竹丛
间条木平台
H
400×400×30 青石板 天然面
200×200×30褐红色水泥砖
直径5-10mm的黄豆石铺地
英石板间草铺地
H

图2-207

图2-208

图2–209

图2-210

图2-211

图2-212

图2-213

2.3.3 水彩表现技法

（1）水彩表现技法概论

水彩是一种半透明的颜料，它的性质介于透明水色与水粉颜料之间。它既没有水粉颜料所拥有的极强的覆盖力，也不如透明水色颜料的透明效果好。但由于它的半覆盖半透明的特质，决定了它既可利用针笔稿作底稿，也可以用自身的色彩特性独立地去表现物体。水彩因其半覆盖的特性会对针笔墨线稿造成部分影响，所以用水彩进行着色时底稿一般只用针笔画出画面中物体的轮廓线与结构线，不宜作太多、太深入的刻画和塑造物体的体积感与空间感，可利用水彩自身的冷暖、深浅及浓淡，在施色中逐步完成。

（2）水彩表现的使用方法

水彩的使用方法与透明水色很接近，都是由水进行调和，控制色彩的饱和程度。着色的方法也是由浅至深、由淡至浓逐渐加重，分层次一遍遍叠加完成的。由于水彩颜色的渗透力强、覆盖力弱，所以颜色的叠加次数不宜过多，一般两遍，最多三遍。同时混搭的颜色种类也不能太复杂，以防止画面污浊。

（3）水彩表现的一般规律

具体着色时，画面浅色区域画法一般为高光处留白，用水的多少控制颜色的浓度。一般来说，浅色区域的色彩加水量比较多，浓度较淡，用自身明度高的颜色画浅色，这样既可使浅色区域色调统一在明亮的色调中，又可以有丰富的色彩变化和清澈透明感。深色区画法一般用三种以下的颜色叠加暗部；选用自身色相较重的色彩画暗部；加大颜色的浓度，降低水在颜色中的含量。中间色调尽可能用一些色彩饱和度较高的颜色，也就是固有色。当然，色彩的运用还是要根据实际作图要求来决定。水彩表现技法与透明水色一样需要用吸水性较好的纸张，这样才不容易使画纸变形，影响画面效果。

（4）针管笔淡彩表现技法

针管笔淡彩是以针笔为主，颜色为辅的一种效果图表现技法。它区别于其他表现技法的主要特征是施色更为简洁、单纯。它施色的目的大多只是强调气氛和划分区域的作用，因针管笔部分已完成得很充分，所以无须用太多的色彩去塑造形体和空间。

①针管笔淡彩表现技法概论

针管笔淡彩使用的色彩一般以透明或半透明的颜料为首选，它对针管笔稿的要求比其他技法中的针管笔稿更为严格。

②针管笔淡彩的表现技法与规律

针管笔淡彩中的色彩也可选择水彩、水粉及水溶铅笔等其他颜料。在使用水彩、水粉等有着半覆盖力和覆盖力极强的颜色时，应注意尽可能不去破坏它的针笔稿，施色要简单、概括。针笔淡彩拥有一种速写的气质，要轻松、活泼。重点突出快捷性，更适合当代人生活的快节奏。它既可以成为正式渲染图之前的草图，亦可作为一种独立的表现形式存在于众多的表现技法之中。

（5）水彩、针管笔淡彩效果图欣赏与临摹

图2-214

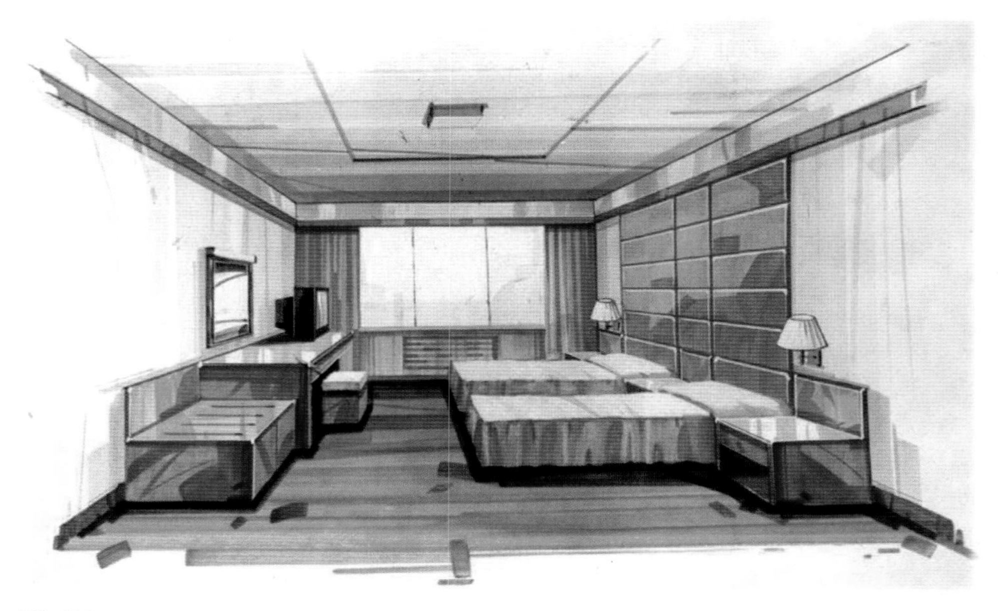

图2-215

图2-216

图2-217

图2-218

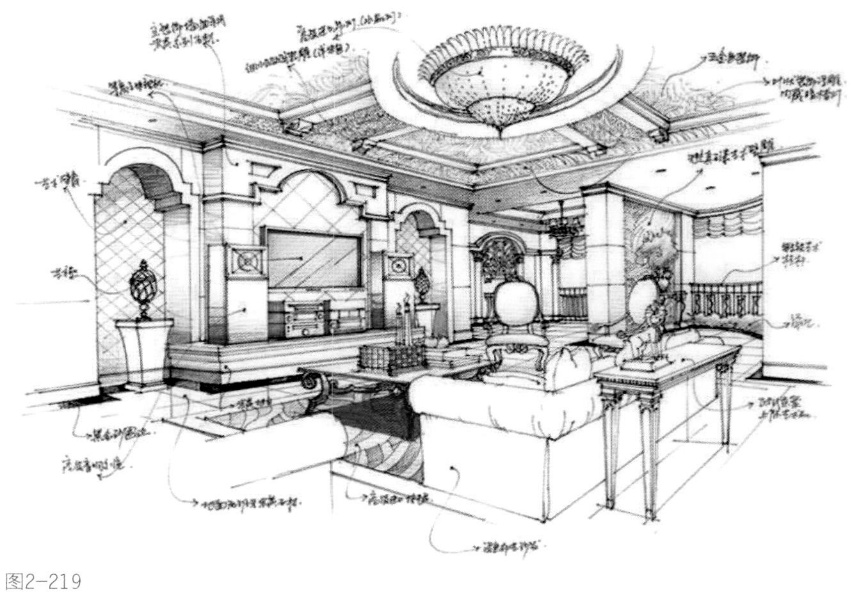

图2-219

图2-220

图2-221

图2-222

图2-223

2.3.4 马克笔表现技法

在手绘效果图快速表现中，马克笔是目前较为理想的主要表现工具之一。马克笔的品种较多，日产的马克笔具有较好的品质，建议采用。另外，马克笔的色彩也较为丰富，选择以中性色为主。

马克笔的色彩不像水粉、水彩那样可以修改与调和，因此在上色之前要对颜色以及用笔做到心中有数，一旦落笔不可犹豫，下笔定要准确、利落，注意运笔的连贯、一气呵成。

马克笔的笔宽也是较为固定的,因此在表现大面积色彩时要注意排笔的均匀,或是用笔的概括,在使用时要根据它的特性发挥其特点，更有效地去表现整个画面。

（1）马克笔快速手绘设计表现

马克笔的笔法，也称之为笔触。马克笔表现技法的具体运用,最讲究的就好似马克笔的笔触，它的运笔一般分为点笔、线笔、排笔、叠笔、乱笔等（图2-224、图2-225）。

图2-224

图2-225

点笔：多用于一组笔触运用后的点睛之处。

线笔：可分为曲直、粗细、长短等变化。

排笔：指重复用笔的排列，多用于大面积色彩的平铺。

叠笔：指笔触的叠加，体现色彩的层次与变化。

乱笔：多于画面或笔触收尾所用，形态往往随作者的心情所定，但要求作者对画面有一定的理解与感受。

①惊、险、魂、破（对比）

何为“惊”“险”“魂”“破”呢？这是在马克笔表现技法中，特别是对笔触运用的形式规律的一种独到的理解。假设以图对其进行着色，简单地说后三笔的运笔，称之为“惊”“险”“魂”，那么何为“破”呢？在几笔重复运行下强行终止，常称之为“破”。

那么，更科学的理解是什么呢——对比。对比是艺术表现中最常用的一种形式法则，效果图表现更是如此，多方面因素只有通过对比才能表现出来，才有活力，笔触的运用也是。马克笔笔触表现中的对比主要包括以下几种：面积的对比、粗细的对比、曲直的对比、长短的对比、疏密的对比等。此外还有最重要的色彩、构图上的对比（图2-226至图2-228）。

如同这些笔触上的对比，一定要强烈，这样才会给人以“出其不意”的惊叹之感。只有视觉上的强烈冲击，才会体现画面上的“惊”“险”，才会有点睛之笔——“魂”，大胆地去使用“破”笔才会点破天机，但这些理解往往又源于情感。

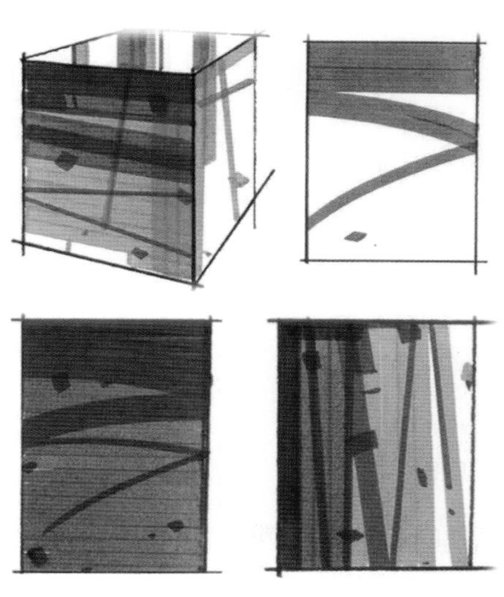

图2-226

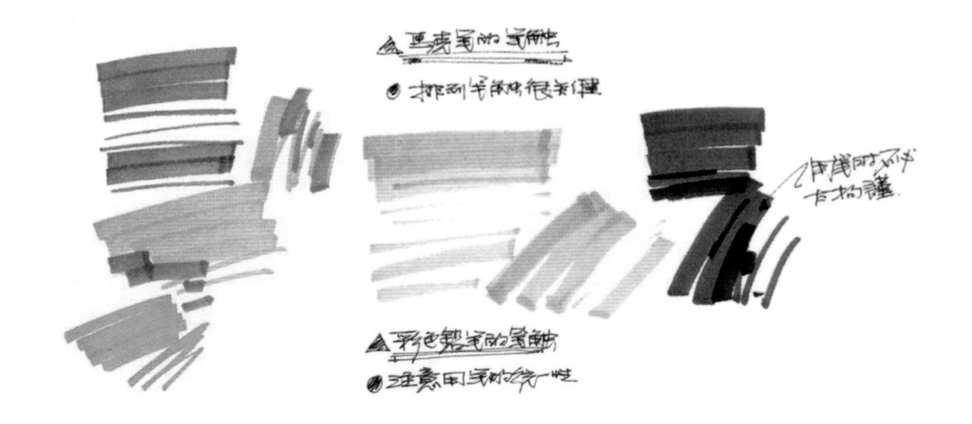

图2-227

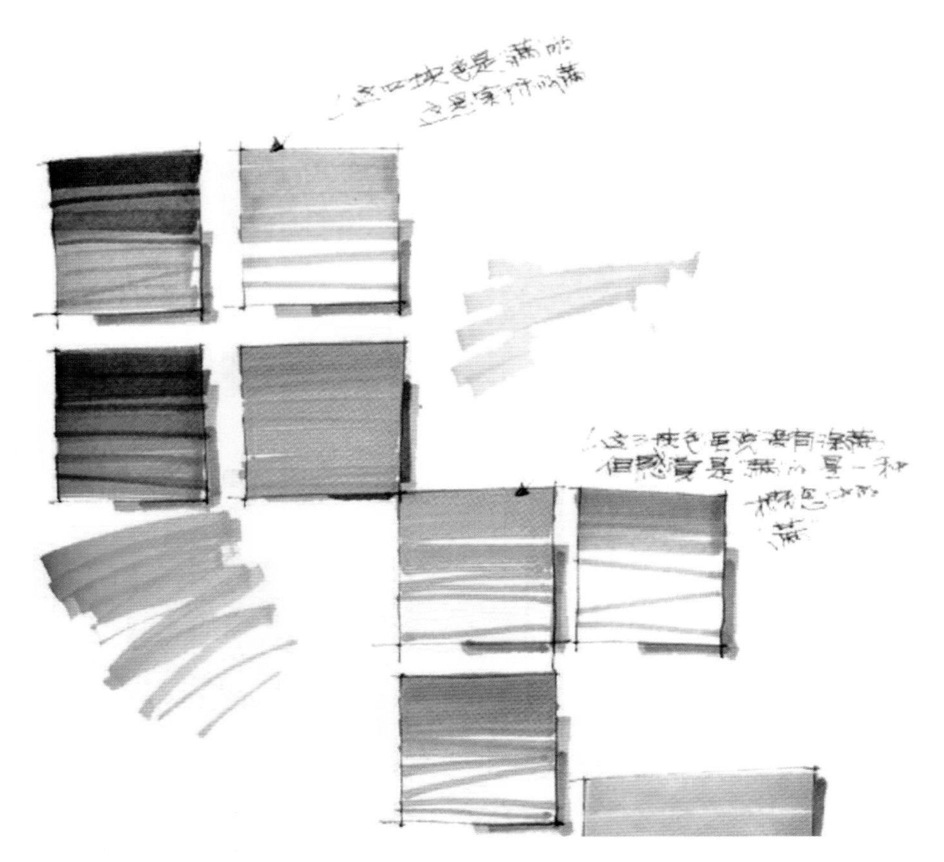

图2-228

②有“血”有“肉”（情感）

生活阅历丰富，而热爱生活的设计师往往会让自己的作品有“血”有“肉”，富有哲理，使人叹服，如果本身感觉迟钝，情感低俗，对生活无动于衷，要设计出让人精神愉快且激动的作品，简直是天方夜谈。“要想让人激动，自己就得激动”，说的就是这个道理。要和马克笔交“朋友”，这样才是真正意义上的与艺术进行的对话与交流，所表达的才真正是设计的语言（图2-229）。

③趣味中心，表达中心（舍得/取舍）

趣味中心是画面的精华之处，是画面的眼，也就是设计师所要表现的重点之所在，有了它画面就会生动有趣。一张效果图可以有一个或多个趣味中心，构成了具有视觉传达功能的有趣画面，但一张图万万不可面面俱到，要有一定的取舍，更不能喧宾夺主，要突出重点之处（图2-230）。

图2-229

图2-230

（2）马克笔表现应用技巧

①同类色彩叠加技巧

马克笔中冷色与暖色系列按照排序都有相对比较接近的颜色，编号也是比较靠近的。画受光物体的亮面色彩时，先选择同类颜色中稍浅些的颜色，在物体受光边缘处留白，然后再用同类稍微重一点的色彩画一部分叠加在浅色上，这样便在物体同一受光面表现出三个层次了。用笔要有规律：同一个方向基本成平行排列状态；物体背光处，用稍有对比的同类重颜色，方法同上。物体投影明暗交界处，可用同类重色叠加重复数笔。

②物体亮部及高光处理

物体受光，亮部要留白；高光处要提白或点高光，可以强化物体受光状态，使画面生动，强化结构关系。

③物体暗部及投影处理

物体暗部和投影处的色彩要尽可能统一，尤其是投影处可再重一些，投影应有变化。画面整体的色彩关系主要靠受光处的不同色相的对比和冷暖关系加上亮部留白等构成丰富的色彩效果。整体画面的暗部结构起到统一和谐的作用，即使有对比也是微妙的对比，切记暗部不要有太强的冷暖对比。

④高纯度颜色应用规律

画面中不可能不用纯色，但要慎重，用好了画面丰富生动，反之则杂乱无序。当画面结构形象复杂时，投影关系也随之复杂，此种情况下纯色要尽量少用，且面积不要过大、色相不要过多（5~6种色），用尽可能少的颜色画出丰富的感觉。相反，画面结构、结构关系单一时，可用丰富的色彩调解画面。

（3）马克笔作图步骤及一般规律

①马克笔作图过程的思维程序化

第一，要抱着一气呵成的自信；第二，要围绕画面的视觉中心来对比用色和用笔；第三，不能反复次数过多；第四，先浅后深，先无彩色（灰）后有彩色（彩）；第五，所有颜色不宜超过六个色系（图2-231）。

②马克笔作图步骤（图2-232、图2-233）

a.草图策划阶段：构思阶段、草稿阶段、色稿阶段。

b.正稿绘制阶段：线稿阶段、着色阶段。

c.画面调整阶段：深入刻画、色彩调和、空间层次处理。

d.收尾处理阶段：勾勒处理、高光处理、落款签名。

图2-231

图2-232

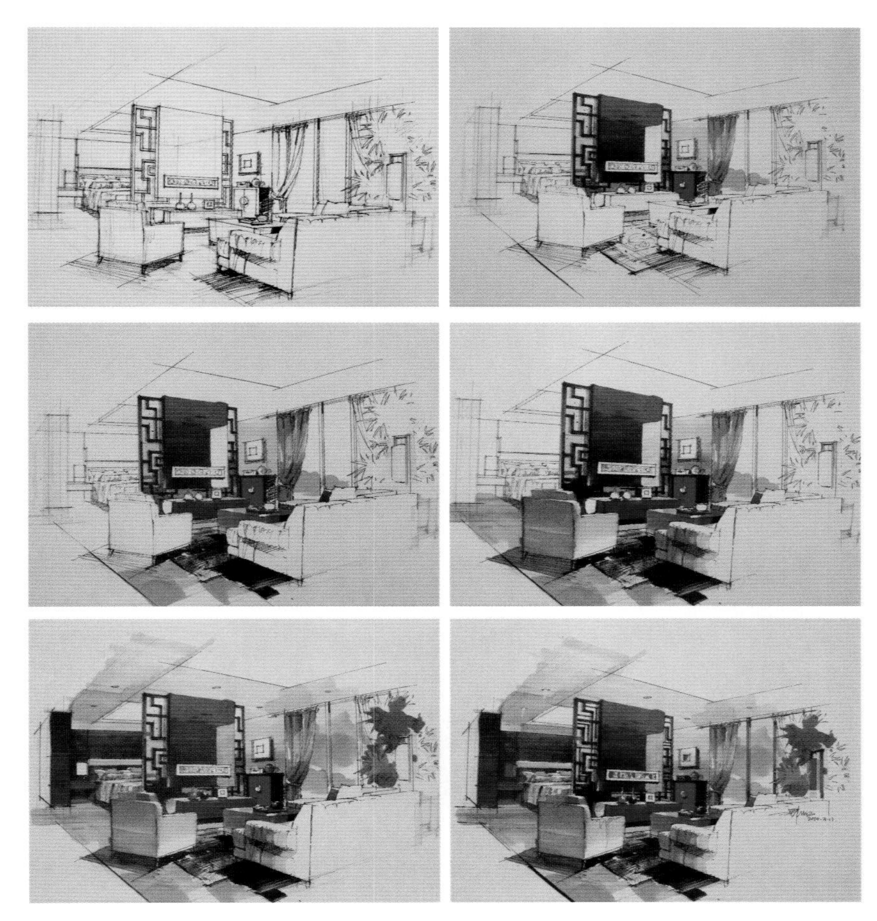

图2-233

（4）马克笔表现技法的注意事项

a.用笔要随形体走，方可表现形体结构感。

b.用笔用色要概括，应注意笔触之间的排列和秩序，以体现笔触本身的美感，不可零乱无序。

c.不要把形体画得太满，要敢于“留白”。

d.用色不能杂乱，用最少的颜色尽量画出丰富的感觉。

e.画面不可以太灰，要有阴暗和虚实的对比关系。

（5）马克笔效果图欣赏与临摹

图2-234

图2-235

图2-236

图2-237

图2-238

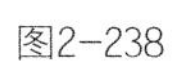

图2-239

图2-240

图2-241

图2-242

图2-243

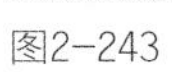

图2-244

图2-245

图2-246

图2-247

图2-248

图2-249

图2–250

图2–251

图2-252

图2-253

2.3.5 综合技法上色训练

综合表现技法，顾名思义就是各类技法的深入的综合运用，它建立在对各种技法的深入了解和熟练掌握的基础上。其具体运作及各种技法的结合与衔接，可根据画面内容和效果，以及个人喜好和熟练程度来决定。比如在透明水色的基础上，用水溶性彩色铅笔进行细致、深入的刻画，在高光、反光和需要个别高浅的地方，采用水粉加以表现，利用各自颜料的性能特点和优势，使画面效果更加丰富、完美。但是，“画无定式”“法无定法”，具体选用那哪表现技法，还要视自己对各种技法的掌握程度来确定（图2-254）。

我们应该清楚地认识创作效果表现图的目的，可以从以下三方面入手去认识。

①以工程的角度来创作：表现图应以逼真客观地反映现状与预期设计效果的关系为目的。

②以设计的角度来创作：表现图应以写意的手法，表现出在不同的设计阶段中设计对象本身与事务之间的关系，以设计为主的表现图也正是我们最为热衷，同时也是最具有吸引力的创作形式。

③以绘画的角度来创作：这种情况下，表现图较为重视图画中的绘图语言的关系，如色、形、明暗等。

我们已经反复提到过，在确定表现自己风格及技巧之前，要总体认识表现对象。而调子、肌理、材质等表现过程中的技术性因素则是十分具体的内容，也是最终影响表现效果的直接因素，所以，有必要深入地分析怎样运用方法和技巧。

图2-254

案例实训篇

学习内容：

新中式风格的手绘设计过程；手绘效果图在招投标中的运用；客厅、主卧、接待大厅的手绘案例。

学习方法：

临摹，拓展，举一反三。

技能目标：

手头表达能力，正确的手绘着色能力，下笔的灵活能力，掌握不同案例的起稿方法与具体步骤。

技能评价：

考察对手绘的实际运用能力，面对实景照片的转化能力，面对实景的写生转化能力，默写与创作能力。

3.1 新中式风格效果图

步骤一，与客户交流沟通，得知客户的年龄（49岁）、职业（公务员）、家庭人口（老人：大学中文专业退休教授；女儿：课外培训书法、国画、围棋；妻子：小学语文老师），建议风格：新中式风格。看房（复式结构），量房（180平方米），手绘房型草图、平面布置草图。

步骤二，查阅资料，参考图文，设计构思。取传统的裂冰纹于楼上山墙改造，既有中式的感觉又有利于室内采光；用传统的卷云图案造形，利用紫檀木雕刻工艺制造正圆形餐厅背景墙，结合紫檀木的柜子与餐桌椅，凸显中式元素。绘制平面布置图、立体透视效果图以及立面图。与客户再沟通交流，修改手绘图，定稿（图3-1、图3-2）。

步骤三，绘制CAD图（水电图、布置图、立面图），电脑立体效果图，交客户签字确认，并给客户保留一份图纸（电子版与纸质版）。

步骤四，水电施工，造形施工（图3-3）。

步骤五，打扫卫生，验房交房（图3-4、图3-5）。

图3-1

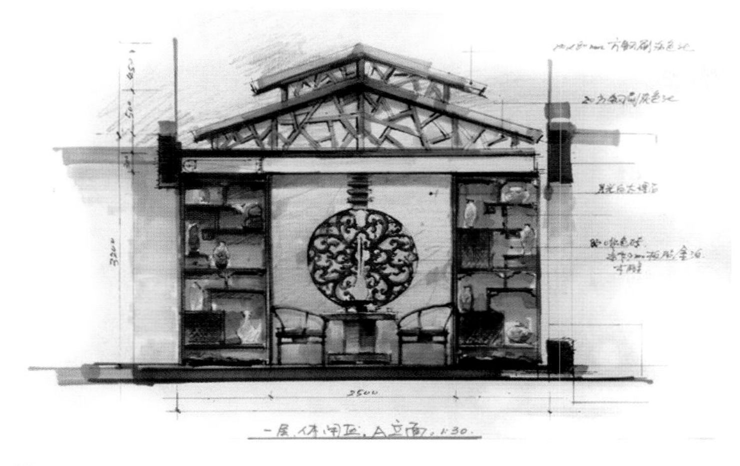

图3–2

图3–3

图3–4

图3–5

3.2 上海某小区样板间效果图

步骤一，上海某居住小区勘察样板间，先行设计：量房、草图设计、手绘设计、电脑图设计、标书制作、预算等一整套方案事先准备齐全。

步骤二，回访与签订意向书。

步骤三，与楼盘负责人进行反复沟通、反复修改。只有用手绘的方式，最为简洁、快速、经济实惠，还能很好地体现专业性（图3-6至图3-9）。

步骤四，签订正式装饰装修合同，开始施工。

图3-6

图3–7

图3-8

图3-9

3.3 客厅手绘设计

步骤一，手绘一幅平面图（图3-10）。

步骤二，选择透视，并且用尺子搭出框架线（图3-11）。

步骤三，用尺子与铅笔轻画墙体结构与装饰造型（图3-12）。

步骤四，再画地面上的家具与家电（几何体化）（图3-13）。

步骤五，几何体造型，徒手对家具家电进行深入塑造（图3-14）。

步骤六，依次类推，对墙体造型、灯饰、陈设、植物一并进行深入塑造，力求在黑白稿就达到质感、体积感、艺术性的统一协调（图3-15）。

步骤七，用马克笔结合彩铅从“画眼”处着手，力求一步画完（图3-16）。

步骤八，深入刻画家具与家电（先中间，后上下），做到“头轻脚重（图3-17、图3-18）。

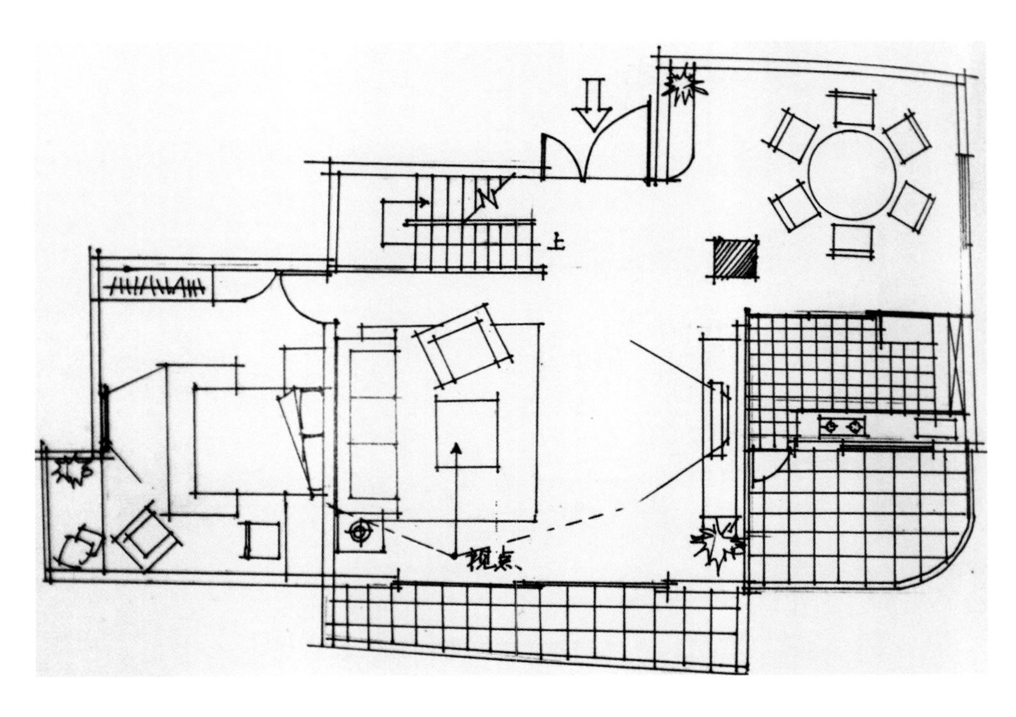

图3-10

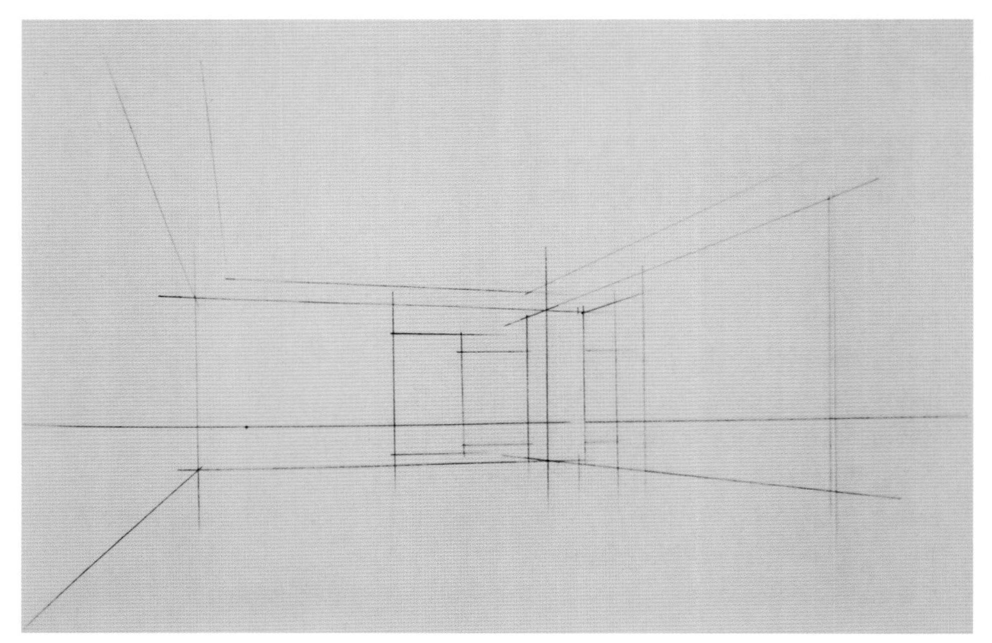

图3-11

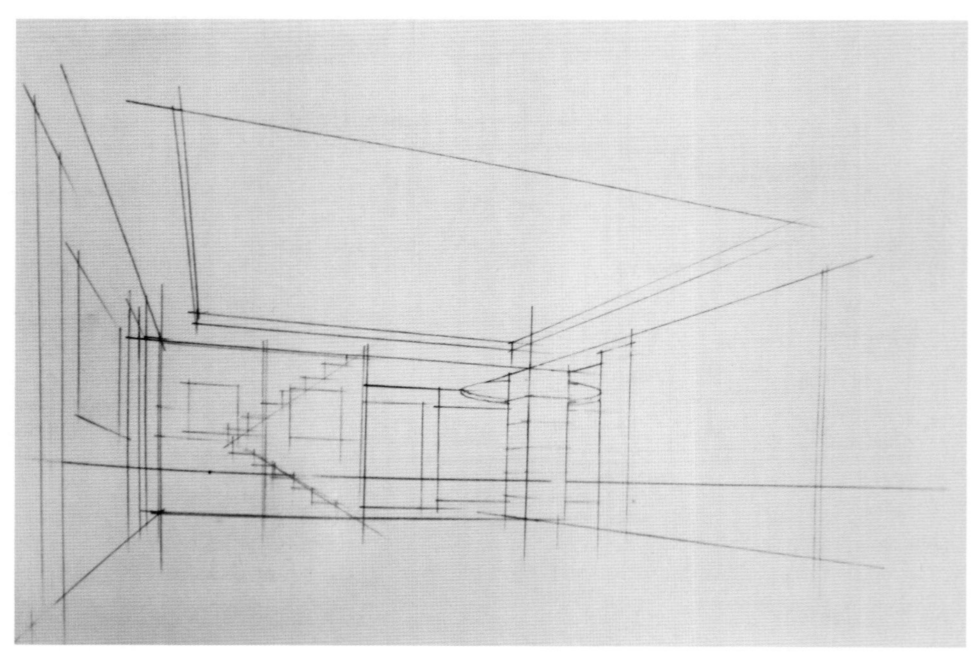

图3-12

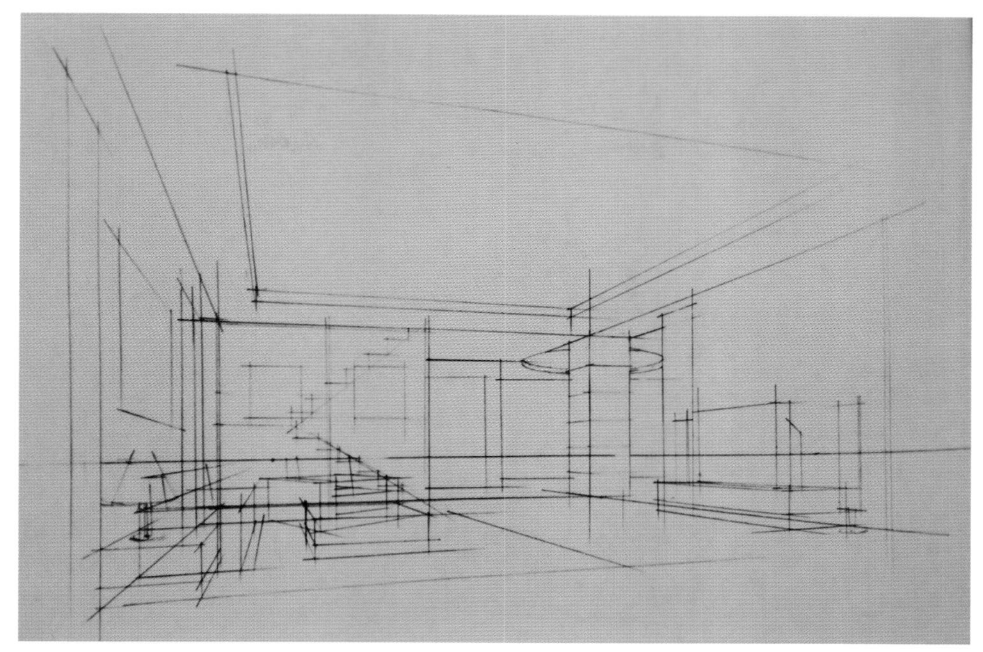

图3-13

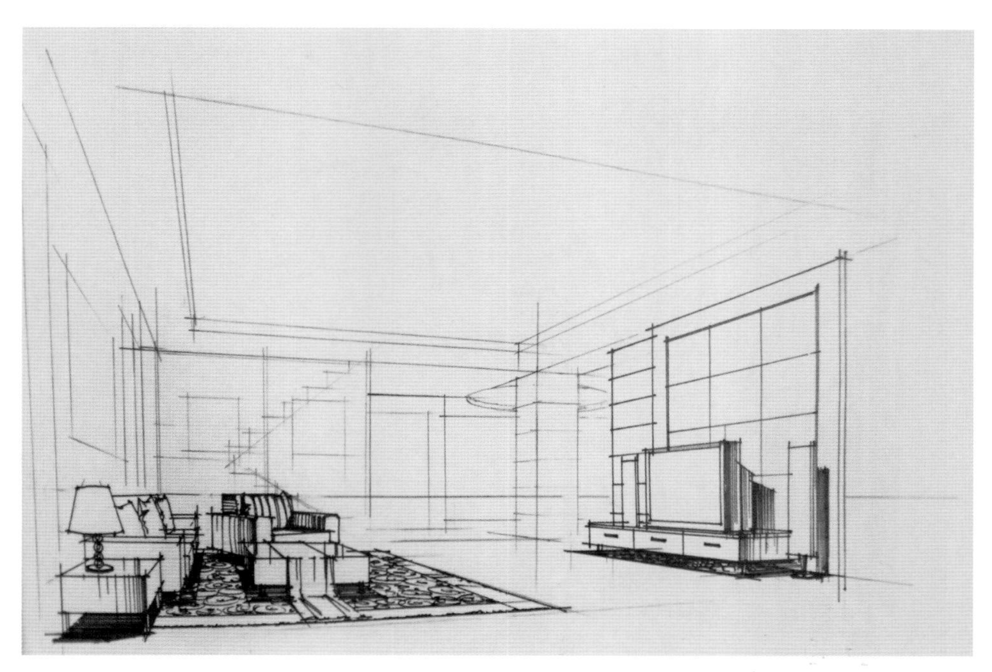

图3-14

图3-15

图3-16

图3-17

图3-18

3.4 主卧手绘设计

步骤一，徒手画出透视线（图3-19）。
步骤二，画出床与地毯的透视线，再从前往后画（因为前面的物体没有被遮挡）（图3-20）。
步骤三，逐一刻画床体，但是应当尽可能做到一步到位（图3-21）。
步骤四，依次对床头的家具与家电、灯饰进行深入塑造（图3-22）。
步骤五，对吊顶与阳台、窗帘、贵妃椅进行造型（图3-23）。
步骤六，塑造左边门、主灯、植物、饰品，最后调整完成黑白稿（图3-24）。
步骤七，浅灰色马克笔打底，强化主体物在地面上的投影（图3-25）。
步骤八，从床开始着色，依次扩展开来（图3-26）。
步骤九，为烘托气氛，可以先将地板的颜色铺一层木色（图3-27）。
步骤十，给出灯光、窗帘、墙裙、贵妃椅、绿化的颜色，再用彩铅过渡协调（图3-28）。

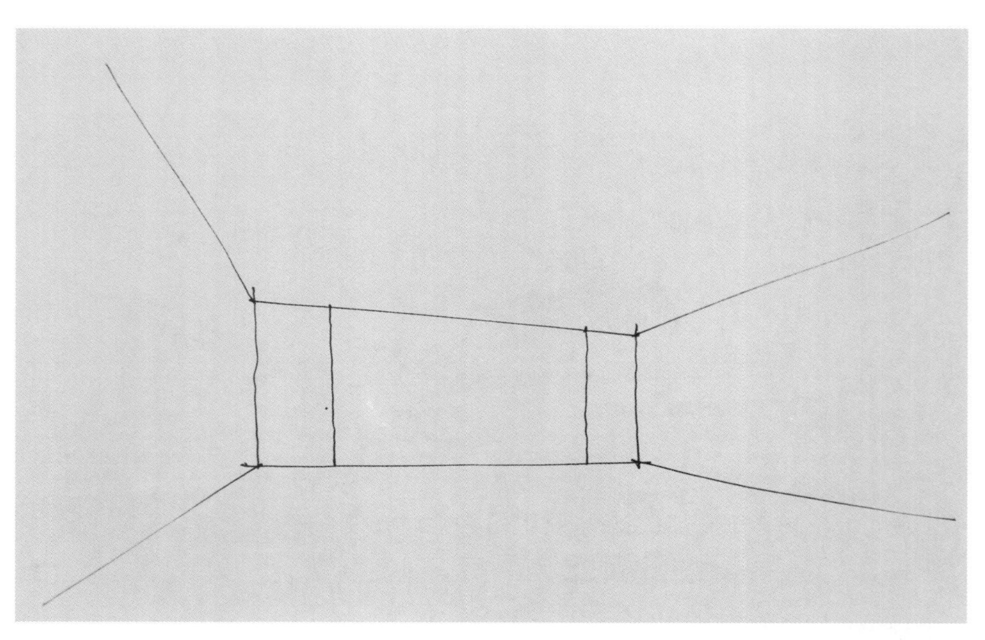

图3-19

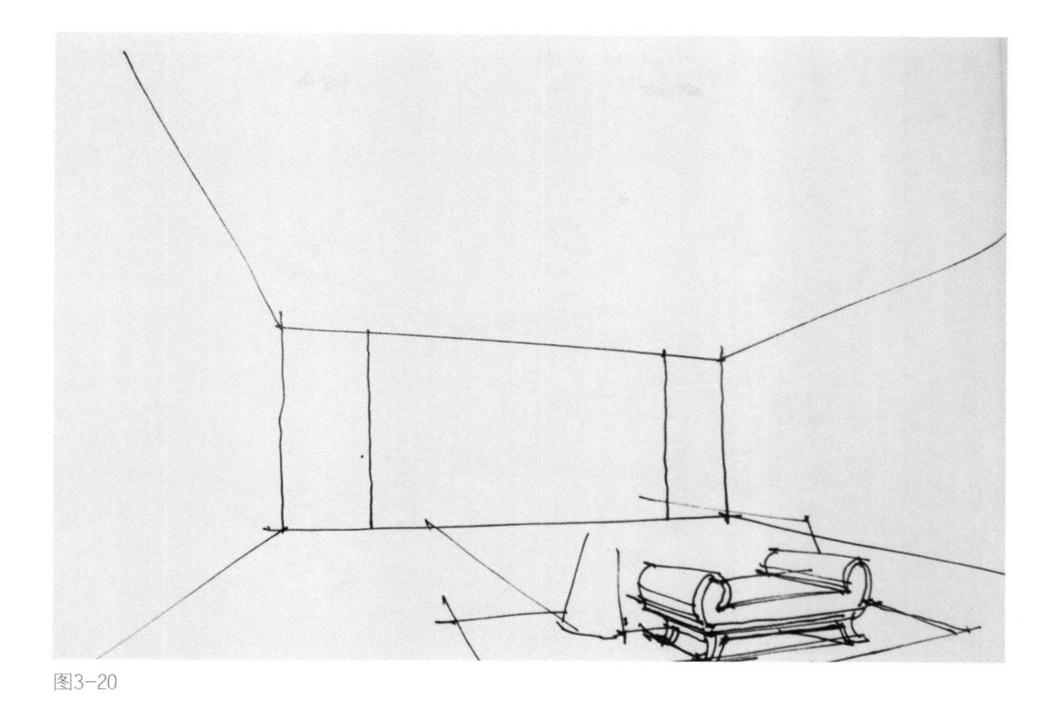

图3-20

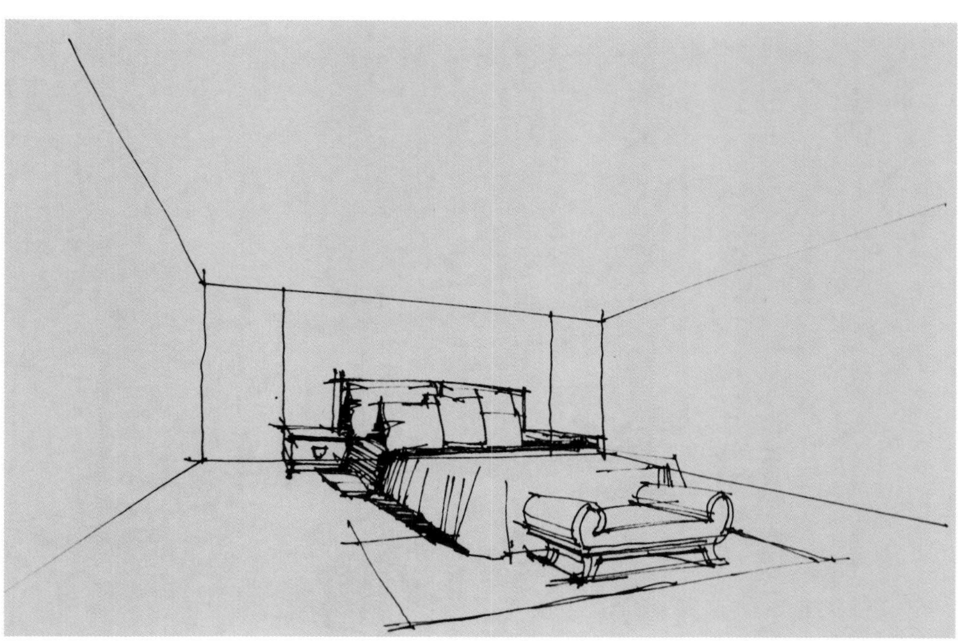

图3-21

图3-22

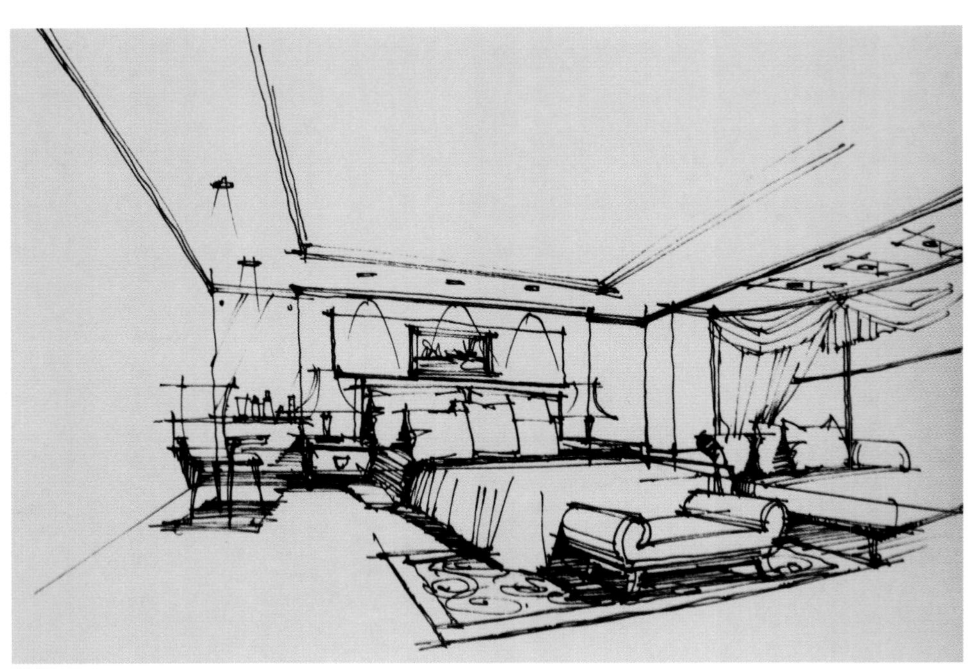

图3-23

图3-24

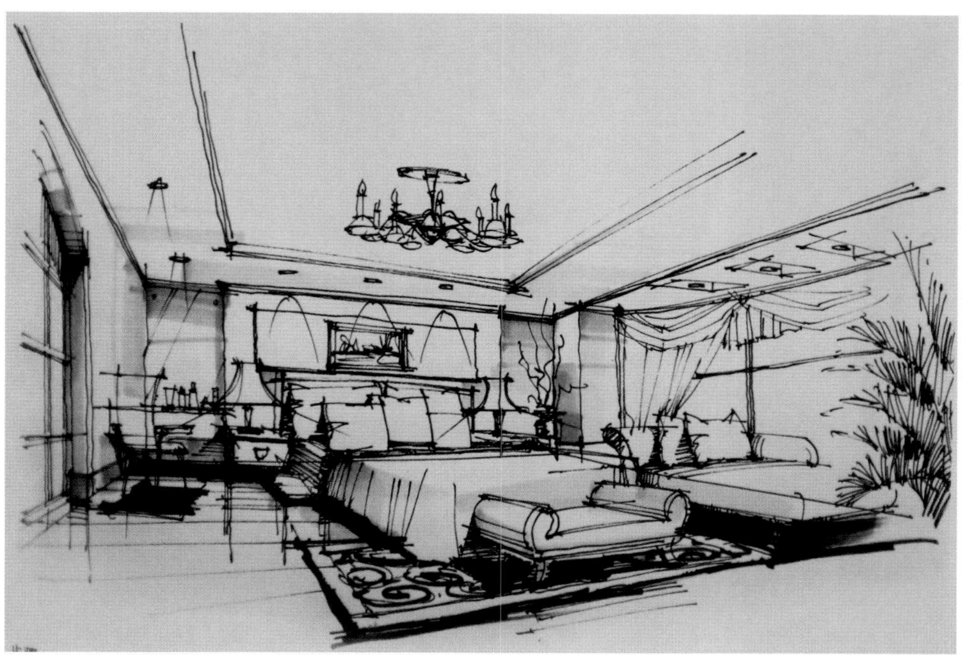

图3-25

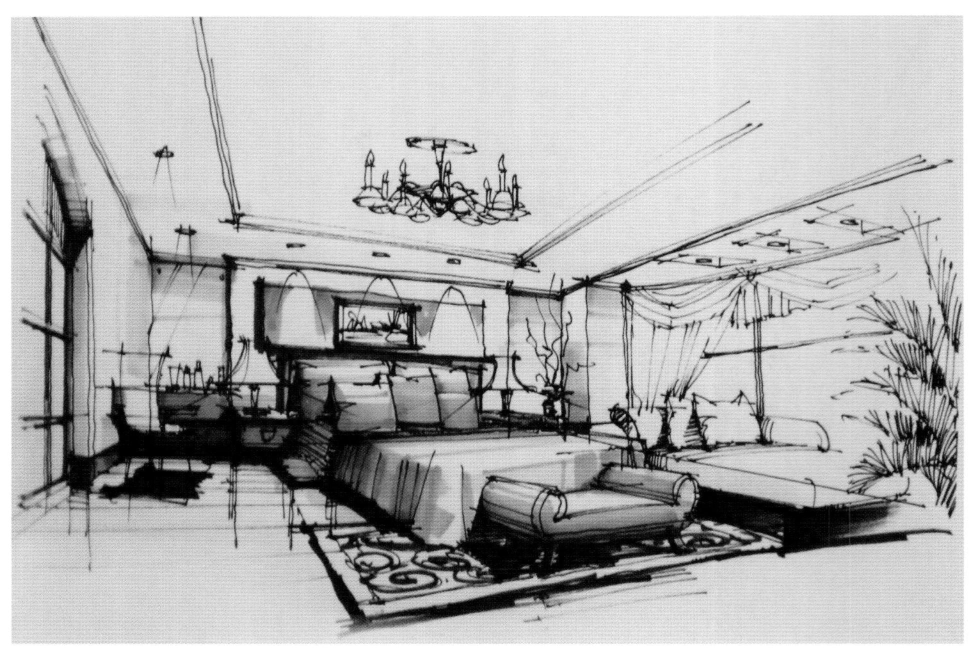

图3-26

图3-27

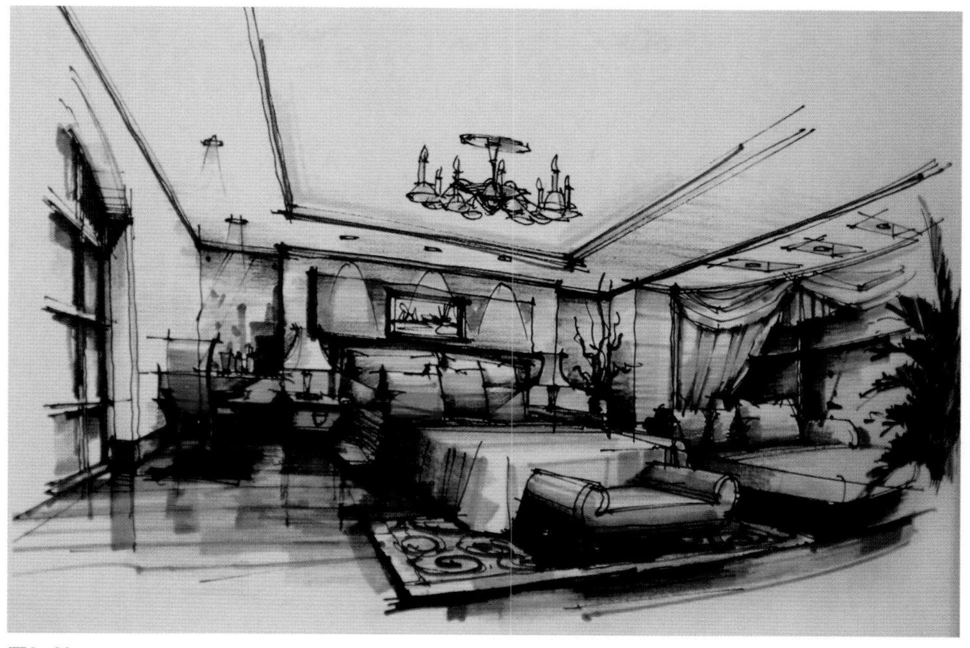

图3-28

3.5 大型会议接待大厅手绘设计

步骤一，先从最远处的沙发开始下笔，透视一定要了然于胸（图3-29）。

步骤二，通过左右两边的沙发来表现透视（图3-30）。

步骤三，深入塑造对面的墙、窗帘、窗纱、吊顶，增强透视感（图3-31）。

步骤四，美化吊顶，给出射灯，再在左右墙上开窗户，注意窗户、射灯的间距一定要符合透视规律（近大远小）（图3-32）。

步骤五，对吊顶进行弧面造型，装上主光源，对地毯进行曲线处理，注意远密近疏的关系，加一些自然形态的植物来调和严肃的氛围（图3-33）。

步骤六，先上木色与深灰色投影（图3-34）。

步骤七，对左右墙进行渐变的浅木色处理，来烘托气氛（图3-35）。

步骤八，给出窗帘与地毯的红色，加上沙发的淡黄色，烘托画面的暖色调，用天空和沙发披肩的冷蓝色进行反衬（图3-36）。

步骤九，画出植物颜色，再用淡黄色彩铅进行衔接与过渡墙面（图3-37）。

图3-29

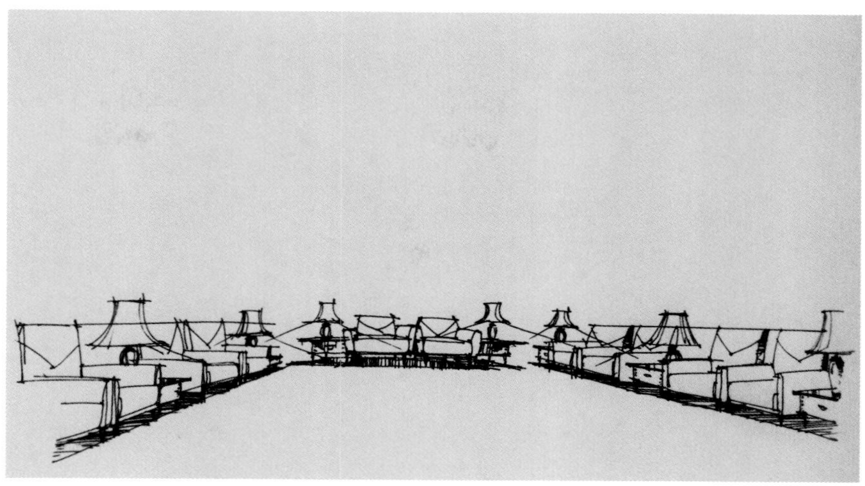

图3-30

图3-31

图3-32

图3-33

图3-34

图3-35

图3-36

图3-37

3.6 商场公共空间手绘设计

步骤一，画出商场内部空间的黑白造型（图3-38）。
步骤二，从植物与水体开始着色（图3-39）。
步骤三，用淡紫色和淡黄色区分墙体（图3-40）。
步骤四，深入区分墙体的转折面，充实墙体，刻画投影与内凹的墙面（图3-41）。
步骤五，点缀人物（图3-42）。

图3-38

图3-39

图3-40

图3-41

图3-42

后记

本书是编者在十多年的手绘教学与设计实践工作的基础上编写而成的，不断寻求循序渐进、真正适合高职高专学生实际情况、将教学实践与生产实践相结合、把手绘教学融入行业发展、与企业岗位对接的手绘技能训练方法，希望本书能使学生对手绘感兴趣，并“志于道”求真，“据于德，依于仁”求善，“游于艺”求美。以笔力洗浮气，以脑力除匠气，以心力脱俗气，达到职业能力要求，毕业后能够迅速适应工作岗位。

本书的编写，得到了同仁的大力支持，也得到了湖北生态工程职业技术学院的领导和同事们的鼓励与帮助，在此表示衷心感谢。

李大俊

2015.10